21 世纪高职高专规划教材·计算机系列

Flash 互动编程设计
——基于 ActionScript 3.0

主 编 李志勇 李 亮

清 华 大 学 出 版 社

北京交通大学出版社

·北京·

内 容 简 介

本书总结作者多年的教学与设计经验，结合丰富实用的案例，深入浅出地介绍了 Flash ActionScript 3.0 的基本语法、基本结构、基本技巧。利用 Flash 本身创作动画方便、编写代码简单、视觉效果好的优势和特点，引导读者从零开始循序渐进地学习 Flash 互动编程设计，让学习程序设计变得轻松、有趣，而且实用。

本书知识系统、全面，实例丰富，适合设计师及有志学习 ActionScript 3.0 的初中级读者阅读、学习，可作为大学、高职高专的教材及动画、计算机、数字媒体等相关专业培训教材，也可作为自学者学习的参考书。

图书在版编目（CIP）数据

Flash 互动编程设计 / 李志勇，李亮主编. —北京：北京交通大学出版社：清华大学出版社，2017.8

（21 世纪高职高专规划教材·计算机系列）

ISBN 978 - 7 - 5121 - 3331 - 0

Ⅰ. ① F… 　Ⅱ. ① 李… ② 李… 　Ⅲ. ① 动画制作软件-高等学校-教材 　Ⅳ. ① TP391.414

中国版本图书馆 CIP 数据核字（2017）第 197491 号

Flash 互动编程设计

Flash HUDONG BIANCHENG SHEJI

责任编辑：郭东青

出版发行：清 华 大 学 出 版 社　　邮编：100084　　电话：010-62776969　　http：//www.tup.com.cn
　　　　　北京交通大学出版社　　邮编：100044　　电话：010-51686414　　http：//www.bjtup.com.cn
印 刷 者：北京时代华都印刷有限公司
经　　销：全国新华书店
开　　本：185 mm×260 mm　　印张：16.5　　字数：426 千字
版　　次：2017 年 8 月第 1 版　　2017 年 8 月第 1 次印刷
书　　号：ISBN 978 - 7 - 5121 - 3331 - 0/TP·847
印　　数：1~2 500 册　　定价：39.00 元

本书如有质量问题，请向北京交通大学出版社质监组反映。对您的意见和批评，我们表示欢迎和感谢。
投诉电话：010-51686043，51686008；传真：010-62225406；E-mail：press@bjtup.com.cn。

前　言

随着数字媒体技术的飞速发展，人们对交互式体验的需求与日俱增，Flash 软件与时俱进，特别是随着 ActionScript 3.0 的出现，Flash 内容与应用程序之间的交互性、数据处理及播放效率等得到了极大的提高。因此，对于从事 Flash 交互作品开发的人员来讲，ActionScript 3.0 是必须要充分理解和掌握的一门程序语言。

本书是基于 Flash ActionScript 3.0 编写的，以零基础讲解为宗旨，用案例引导读者学习，深入浅出地介绍了程序的基本概念、Flash ActionScript 3.0 的基础知识点、应用方法和技巧等。旨在带领读者打开 Flash ActionScript 3.0 程序开发之门。

本书共分 9 章，主要内容如下。

第 1 章　Flash 互动编程体验。本章主要介绍程序是什么、程序语言的类别，并创建了一个鼠标跟随 Flash 交互的作品。

第 2 章　快速上手——ActionScript 3.0 语言与开发环境。本章主要介绍 ActionScript 3.0、程序开发工具、Flash 动作脚本窗口、脚本与时间轴的关系、ActionScript 3.0 语言规范和良好的编程习惯等内容。

第 3 章　变量和数据类型。本章详细介绍变量的声明、如何命名变量、数据类型和常量等内容。

第 4 章　控制影片剪辑。本章详细介绍事件响应处理模式、控制影片剪辑的播放以及属性等内容。

第 5 章　选择结构。本章详细介绍程序的选择结构，主要包括程序的三大组成结构、条件分支语句、开发分支语句等内容。

第 6 章　循环结构。本章详细介绍程序的循环结构，主要包括 for 循环语句、do…while 循环语句、while 循环语句和循环进阶等内容。

第 7 章　函数。本章详细介绍函数定义、函数调用、函数参数、函数返回值和函数的进阶等内容。

第 8 章　数组。本章详细介绍数组定义、操作数组（增、删、查、改数组元素）、数组遍历和二维数组等内容。

第 9 章　综合项目。本章通过综合运用前面所学知识点完成一个综合性案例——计分排序器，其主要功能是统计比赛各选手的平均得分，并进行由高到低的排名。

本书内容难度适中，讲解由浅入深，注重理论与实践有机结合。每一个知识点均配有案例，并给出完善的源代码、代码说明等。读者可以在学习完每个知识点后，通过对应案例动手实验来进一步理解和应用知识点。除了知识点案例之外，有的章还辅以综合项目，给出了项目分析、制作步骤等，重要的步骤均配有对应的插图以加深认识，让读者在学习和实验过程中直观、清晰地看到制作过程和效果，达到融会贯通的目的。

为了便于读者阅读，本书还穿插一些"注意""想一想"等模块，提出学习过程中需要特别注意的一些知识点和内容以及知识的拓展。

本书非常适合零基础的初学编程的人员、初中级程序开发人员、编程爱好者学习和使用，也可以作为各类院校相关专业学生和培训机构学员的教材或辅导用书。

本书由李志勇、李亮主编。编者在此要感谢杨浪、陈立提供了部分内容和案例，感谢乌云高娃、肖丹、许蕤、李珩等提出的宝贵意见，感谢编者的学生提供了部分很好的案例。也要感谢编者家人背后的支持和鼓励，特别要感谢郭东青编辑在本书编写过程中提出的宝贵意见和对书稿认真细致的加工处理。

在编写过程中，虽然竭尽所能，但由于编者水平有限，书中难免会有疏漏和不足之处，敬请读者不吝指正。

编　者

2017 年 6 月

目　　录

I

第 1 章　Flash 互动编程体验

随着互联网技术的快速发展，Flash 以其具有发布文件小、传输速度快，具有非常丰富的交互动画效果、使用方便快捷、播放器支持率高等独特的优势，成为跨越各种不同客户端和服务器平台的互动多媒体的开发平台。

Flash 脚本语言 ActionScript 3.0（简称 AS 3.0）是一种强大的面向对象的编程语言，它是一种基于 ECMAScript 的编程语言，用来编写 Adobe Flash 电影和应用程序。设计 ActionScript 3.0 的意图是创建一种适合快速地构建效果丰富的互联网应用程序的语言，这种应用程序已经成为 Web 体验的重要部分。

在 Adobe 产品系列中，专业设计人员可以在几种工具和服务器中使用 ActionScript 3.0，比如 Flash、Flex 和 Flash Media Server，从而为 Flash Player Runtime 创建内容和应用程序。

▶▶ 1.1　程序是什么

程序是计算机的灵魂，没有程序的计算机只能是一堆废物。

程序是计算机要执行的指令的集合。它是由指令序列组成的，告诉计算机如何完成一个具体的任务。程序是软件开发人员根据用户需求开发的、用程序设计语言描述的适合计算机执行的指令（语句）序列。由于现在的计算机还不能理解人类的自然语言，所以还不能用自然语言编写计算机程序。

一个程序应该包括以下两方面的内容。

1. 对数据的描述

在程序中要指定数据的类型和数据的组织形式，即数据结构（data structure）。

2. 对操作的描述

即操作步骤，也就是算法（algorithm）。

著名计算机科学家沃思提出一个公式：数据结构+算法＝程序。实际上，一个程序除了以上两个主要的要素外，还应当采用程序设计方法进行设计，并且用一种计算机语言来表示。因此，算法、数据结构、程序设计方法和计算机语言工具这四个方面是一个程序员所应具备的知识。

▶▶ 1.2　第 1 个 Flash 互动程序

Ａ　用一用

下面来设计制作一个动画跟随鼠标移动的 Flash 互动程序。制作过程分为五个步骤：

1

第一步，先准备一个 GIF 动画；

第二步，将准备好的 GIF 动画导入到 Flash 中，并将其制作成一个影片剪辑元件；

第三步，将第二步中的影片剪辑拖动到舞台上，并给定其实例名；

第四步，在代码窗口中添加 ActionScript 3.0 代码；

第五步，按 Ctrl+Enter 组合键测试。

（1）准备一个带有多帧的 GIF 动画。可以通过图像工具软件自己设计制作一个多帧 GIF 动画，也可以到网上下载一个多帧 GIF 动画。如图 1-1 所示是一个 5 帧的 GIF 格式红旗动画。

图 1-1　5 帧的 GIF 格式红旗动画

（2）打开 Flash CC 2015 软件，新建一个 ActionScript 3.0 文档。如图 1-2 所示。

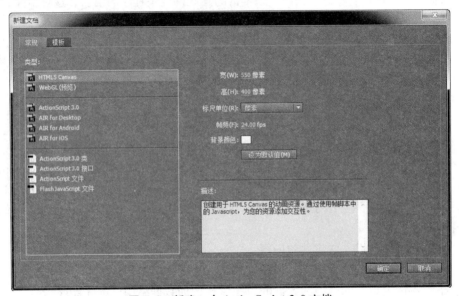

图 1-2　新建一个 ActionScript 3.0 文档

按 Ctrl+F8 组合键创建一个新影片剪辑元件，并设定元件名称为"红旗"，如图 1-3 所示。

图 1-3　创建一个新影片剪辑元件

　　单击"确定"按钮，打开影片剪辑编辑窗口。单击"文件"｜"导入"｜"导入到舞台"，选中已经准备好的 GIF 动画，并将其导入到影片剪辑的舞台中。如图 1-4 所示，在时间轴上可见到带有 5 帧 GIF 格式的红旗动画已经导入。到此，影片剪辑元件制作完成。

图 1-4　导入了 5 帧 GIF 格式动画的时间轴

　　（3）将步骤（2）中制作好的影片剪辑元件从库中拖动到舞台上，将该图层命名为"红旗"，并在其"属性"窗口中将实例命名为"flag_mc"。如图 1-5 所示。

图 1-5　命名实例名称

　　（4）新增加一图层，命名为"代码层"，并单击该层的第 1 帧，按 F9 键打开动作面板。并在其代码面板中输入一行代码，代码如下。

```
flag_mc. startDrag ( true ) ;
```

动作脚本面板如图 1-6 所示。

图 1-6　动作脚本面板

（5）测试效果。按 Ctrl+Enter 组合键测试，可得到如图 1-7 所示的效果。

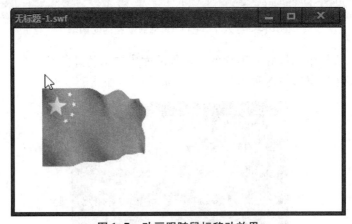

图 1-7　动画跟随鼠标移动效果

【代码说明】

实例名称"flag_mc"是影片剪辑在舞台上的名称，其作用是便于控制该影片剪辑。

"."的含义是作用于该对象上的属性或方法（或功能、操作）。

startDrag(true)是影片剪辑的方法（或功能），即影片剪辑具有被拖动的功能，true 是该功能的参数。

本例中，你只用了一行代码，就实现了动画跟随鼠标移动的效果。由此可见 ActionScript 3.0 代码的功能不仅强大，而且简捷，易学易用。

▶▶ 1.3　程序设计语言的类别

程序设计语言可以分成机器语言、汇编语言、高级语言三大类。

计算机每做一次动作，一个步骤，都是按照预先用计算机语言编好的程序来执行的，程序是计算机要执行的指令的集合，而程序全部都是用程序设计语言来编写的。所以要控制计算机一定要通过程序设计语言向计算机发出命令。

计算机所能识别的语言只有机器语言，即由 0 和 1 构成的代码。但通常人们编程时，不采用机器语言，因为它非常难于记忆和识别。目前通用的编程语言有两种形式：汇编语言和高级语言。

▶▶▶ 1.3.1　汇编语言

汇编语言的实质和机器语言是相同的，都是直接对硬件进行操作，只不过指令采用了英文缩写的标识符，更容易识别和记忆。它同样需要编程者将每一步具体的操作用命令的形式写出来。

汇编程序通常由三部分组成：指令、伪指令和宏指令。汇编程序的每一条指令只能对应实际操作过程中的一个很细微的动作，例如移动、自增等，因此，汇编程序一般比较冗长、复杂、容易出错，而且使用汇编语言编程需要有更多的计算机专业知识。但汇编语言的优点也是显而易见的，有些用汇编语言能完成的操作用一般高级语言就不能实现或实现起来相当复杂或困难；源程序经过汇编生成的可执行文件不仅比较小，而且执行速度很快。

▶▶▶ 1.3.2　高级语言

高级语言是目前绝大多数编程者的选择。和汇编语言相比，它不但将许多相关的机器指令合成为单条指令，并且去掉了与具体操作有关但与完成工作无关的细节，例如使用堆栈、寄存器等，这样就大大简化了程序中的指令。同时，由于省略了很多细节，编程者也不需要有太多的专业知识。

高级语言主要是相对于汇编语言而言的，它并不是特指某一种具体的语言，而是包括了很多编程语言，如目前流行的 C、C#、Java 等，这些语言的语法都各不相同。

计算机不能直接理解高级语言，只能直接理解机器语言，所以必须要把高级语言翻译成机器语言，计算机才能执行高级语言编写的程序。翻译的方式有两种，一是编译，二是解释，两种方式区别在于翻译的时间不同。

（1）编译是指在程序执行之前，将源程序"翻译"成目标程序（机器语言）。因此目标程序可以脱离其语言环境独立执行，使用起来比较方便、效率较高。但应用程序一旦需要修改，必须先修改源程序，再重新编译生成新的目标程序（＊.OBJ）才能执行。如果只有目标程序而没有源程序，那么要修改程序就很不方便。现在大多数编程语言都是编译型的，例如 C、Visual C++、Java 等。

编译型语言写的程序在执行之前，需要一个专门的编译过程，把源程序编译成机器语言的文件，比如 exe 文件，以后要运行就不用重新"翻译"了，直接使用编译的结果（exe 文件）就行了。因为只需要做一次"翻译"，运行时不需要再进行"翻译"，所以用编译型语言写的程序执行效率高。如图 1-8 所示。

（2）解释执行方式类似于日常生活中的"同声翻译"，应用程序源代码一边由相应语言的解释器"翻译"成机器语言，一边执行，因此效率比较低，而且不能生成可独立执行的可执行文件。应用程序不能脱离其解释器，但这种方式比较灵活，可以动态地调整、修改应用程序。

解释型语言写的程序在执行之前不需要编译，解释型语言在运行程序的时候才进行翻译，比如解释型 Basic 语言，专门有一个解释器能够直接执行 Basic 程序，每个语句都是在

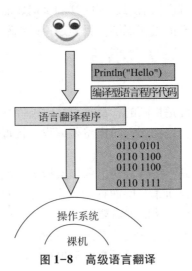

图 1-8　高级语言翻译

执行的时候才进行翻译。这样解释型语言每执行一次就要翻译一次，效率比较低。如图 1-9 所示。

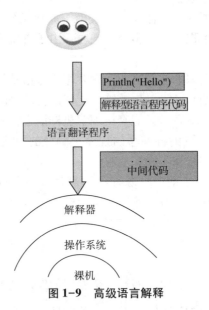

图 1-9　高级语言解释

　　编译型与解释型语言各有利弊。前者由于程序执行速度快，同等条件下对系统要求较低，因此在开发操作系统、大型应用程序、数据库系统等时常使用编译型语言，如 C/C++、Java 等。而一些网页脚本、服务器脚本及辅助开发接口这样的对速度要求不高、对不同系统平台间的兼容性有一定要求的程序，则通常使用解释型语言，如 ActionScript、JavaScript、VBScript、Perl、Python、Ruby、MATLAB 等。随着硬件的升级和设计思想的变革，编译型和解释型语言的界限越来越模糊，主要体现在一些新兴的高级语言上，而解释型语言因其自身优势也使得其在互联网的应用上得到了快速发展，可以预计，在不久的将来，解释型语言性能超过编译型语言也是必然的。

▶▶ 1.4　本章小结

　　本章简要地介绍了程序的概念，程序就是由计算机要执行的指令组成的序列，每一条指令规定了计算机应该进行什么操作及操作需要的有关数据。总之，程序是软件开发人员根据用户需求开发的、用程序设计语言描述的适合计算机执行的指令（语句）序列。本章还通过一个动画跟随鼠标移动的案例体验了使用 Flash 平台来进行互动编程的步骤和方法，最后介绍了解释型和编译型两种类型程序设计语言。

　　第 2 章将介绍 ActionScript 3.0 语言及其开发环境。

第 2 章　快速上手

——ActionScript 3.0 语言与开发环境

复习要点：

程序设计语言及其类别

要掌握的知识点：

Flash ActionScript 3.0 的特点

Flash ActionScript 3.0 开发工具

Flash 动作脚本窗口

动作脚本与时间轴的关系

能实现的功能：

在不同平台上编写 ActionScript 3.0 程序

脚本导航器及工具的使用

本章将简要介绍 ActionScript 3.0 语言的特点、运行环境及开发环境。

ActionScript 3.0 语言是一种解释型计算机语言，Flash Player 播放器是其运行环境，只有在安装了 Flash Player 播放器（版本 9 以上的支持 ActionScript 3.0，且是向下兼容的）的设备上才能播放 ActionScript 3.0 语言编写的 SWF 文件。

▶▶ 2.1　ActionScript 3.0 语言介绍

学过 Flash 的人都知道，Flash 是一套具有高品质、体积小，以及优异互动功能的多媒体制作软件。用 Flash 制作动画，如果只用时间轴和图层来实现画面，将会受到很大的限制，有些功能甚至根本不可能实现，即使动画再精彩，也只能让观赏者被动地沿着时间线的进度来欣赏。如果想让动画具有交互功能，例如，鼠标移到某个按钮上，Flash 动画就开始播放，或者是单击某个按钮，就开启了某个网页等，这些能使观赏者自己来选择播放的顺序或者呈现不同的内容，就得依靠 Flash 的动作脚本语言了。Flash 的动作脚本英文为 ActionScript，简称 AS。

目前 ActionScript 共有 1.0，2.0，3.0 等版本，ActionScript 3.0 与之前的 1.0，2.0 大不

相同，它已经成为和 Java，C++一样的正统程序设计语言。利用 ActionScript 3.0 脚本语言，能轻松制作出各式各样的互动内容，能实现时间轴无能为力的一些特殊效果（如互动和游戏等）；运用基本技法与动作脚本语言相结合制作出来的动画效果，往往更加精彩纷呈（如个性化的鼠标效果）；运用动作脚本语言，还可以让一些复杂烦琐的制作过程得到有效的简化（如模拟下雨下雪等）。因此，Flash 搭配 ActionScript 3.0 已经成为流行的数字媒体互动制作趋势，目前已是开发互动媒体应用的最佳工具。众所周知，Flash 的 ActionScript 可以跨平台，原因就在于 Flash Player 内部的虚拟机 AVM（ActionScript virtual machine），只要安装 Flash Player，就可以执行编写好的程序。因此，包括计算机、网络、手机、平板电脑、电视等多个平台都支持 Flash 播放格式（SWF）。

ActionScript 3.0 是基于 ECMAScript（ECMAScript 是所有编程语言的国际规范化的语言）语言规范的程序设计语言。

ActionScript 由嵌入在 Flash Player 的 ActionScript 虚拟机（AVM）来执行。Flash Player 虚拟机有 AVM1 和 AVM2。AVM1 是 ActionScript 2.0 及以前版本的虚拟机。AVM2 是兼容 ActionScript 3.0 的虚拟机。它的执行效率比以前的 ActionScript 执行效率高出至少 10 倍。

新的 AVM2 虚拟机嵌入于 Flash Player 8.5 及以上的版本中，它将成为执行 ActionScript 的首选虚拟机。

ActionScript 3.0 语言的特点有很多，相对其他解释型语言而言，这种语言的主要特点如下。

- 支持类型安全性，使代码维护更轻松。
- 语言相当简单，很容易编写。
- 开发人员可以编写具有高性能的响应性代码。

ActionScript 3.0 语言由两个部分组成：核心语言和 Flash Player API。核心语言用于定义编程语言的结构，例如声明、表示、条件、循环和类型等。Flash Player API 由一系列精确定义 Flash Player 功能的类组成。本书将主要介绍 ActionScript 3.0 的核心语言，包括语法规则、变量、顺序结构、选择结构、循环结构、函数、数组等，还会介绍部分常用的 Flash Player API，其他的 API 应用可参看由李亮和李志勇编写的《Flash 互动媒体设计（基于 ActionScript 3.0）》（清华大学出版社和北京交通大学出版社）。

▶▶ 2.2　程序开发工具

开发 ActionScript 3.0 程序的工具主要有 Adobe 公司的 Flash CC 2015（及其以上的版本，现改名为 Animate），MXML 语言以及与 ActionScript 3.0 相结合的 IDE（integrated development environment）——Adobe Flex Builder。第三方支持的 ActionScript 3.0 开发工具有 FlashDevelop 和 Eclipse。这两款软件都是免费的，但利用 Eclipse 开发软件需要下载一个 FDT 插件。

图 2-1~图 2-4 是几种 ActionScript 3.0 开发工具软件的界面图。

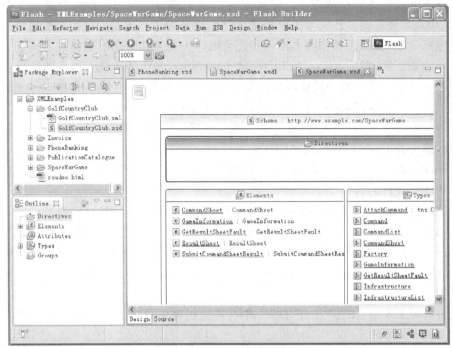

图 2-1　Flash Builder 界面

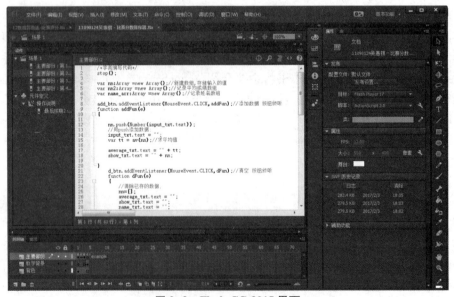

图 2-2　Flash CC 2015 界面

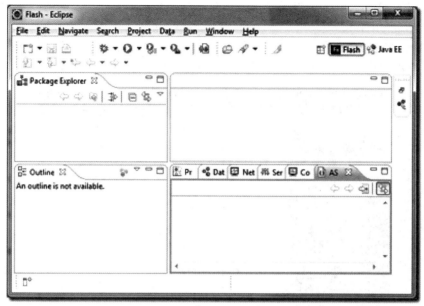

图 2-3 Flash Eclipse 界面

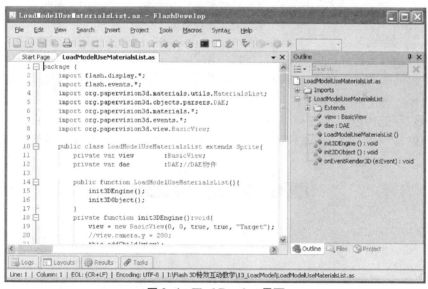

图 2-4 FlashDevelop 界面

下面介绍 Flash CC 2015 的动作面板，其他开发工具在这里就不一一介绍了，有兴趣的读者可以参考相关的书籍或文档。

▶▶ 2.3 认识 Flash 动作脚本窗口

在 Flash CC 2015 中，可以输出的文件不只是 SWF 文件，Flash CC 2015 中创建的内容，也可以针对桌面、移动设备，甚至 HTML5——用 Flash CC 2015 开发的应用可以发布为互联网上广泛使用的 SWF 文件，也可以发布为桌面文件或者是在 Android 和 iOS 系统上使用的文件，还可以发布为 HTML5。

Flash 中添加动作脚本代码的窗口只有一个，这就是动作面板。你可用 F9 快捷键打开动作面板。也可以通过单击"窗口" | "动作"打开动作面板。如图 2-5 所示。

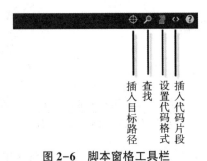

图 2-5 动作面板

动作面板是一个具有完整功能的程序代码编辑器，它提供了许多编写程序时需要的基本功能，其中包括插入目标路径、查找、设置代码格式、插入代码片段等功能。

动作面板有两个基本区域：右边的脚本窗格（在此输入 ActionScript 代码），左边的脚本导航器（可以导航到包含 ActionScript 的不同帧）。

脚本窗格是输入 ActionScript 程序代码的地方。在脚本窗格上方会看到一排按钮，如图 2-6所示。

图 2-6 脚本窗格工具栏

表 2-1 将对各个工具按钮进行说明。

表 2-1　工具按钮说明

工具按钮	说　　明
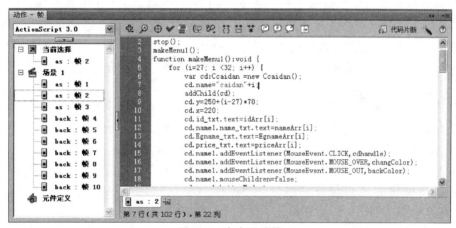	插入目标路径，可以帮助我们为脚本中的动作设定绝对或相对目标路径
	查找和取代脚本中的文字
	自动套用格式，将脚本格式化为适当的程序代码语法并增加代码可读性和易读性。未经过格式化的程序代码，比较杂乱无序，使用自动套用格式后，即可将程序排列整齐
	插入代码片段，可以选择系统预先设定的代码
	可通过线上帮助查看 ActionScrip 3.0 API 相关类及方法

　　使用脚本导航器可以方便快速地找到放在不同时间轴上、不同关键帧、不同影片剪辑上的 ActionScript 代码。在 Flash 中影片之间会有很多的嵌套，添加代码时必须要清楚这些嵌套关系，才能使代码正确地运行。脚本导航器不仅能使你清楚地知道各个影片剪辑之间的嵌套关系，而且能方便地切换、查看不同影片剪辑上的代码。如图 2-7 所示。

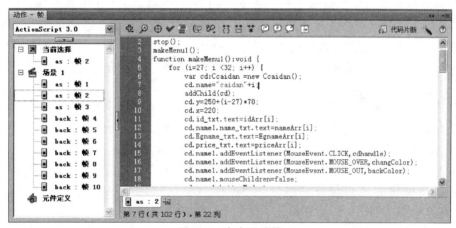

图 2-7　脚本导航器

　　● 当需要设定动作面板的操作环境时，可以从其面板菜单中的"首选参数"来进入 ActionScript 设定窗口，以设定相关的参数。

▶▶ 2.4　脚本与时间轴动画的关系

　　制作一款 Flash 动画和导演一部舞台剧道理上是一样的，要有导演、演员、舞台等，除此之外，还需要非常重要的剧本。剧本用来描述某个演员在某个时间做什么事情，导演的工

13

作就是让剧本重现,让观众能看得见,感受得到。在设计制作 Flash 动画时,你就是导演,首先要做的工作是理清自己的思路,明白自己要做什么样的动画,也就是先要有策划方案,它相当于剧本。简单的动画虽然不用剧本也可以实现,但这里建议读者在制作 Flash 前,最好还是有一个文字的策划方案,特别是较为复杂的动画更是如此。其次,要有演员,就是制作动画中的影片、按钮、图片、声音等各种素材。最后,素材都准备好了,要做的是依据策划方案控制各种素材按照一定的条件和时间顺序展现某个动作。Flash 中的动作脚本相当于剧本内在的逻辑关系,通过脚本可以控制动画中的影片、按钮、图片、声音等各种素材展现动作,这也是称它为动作脚本的原因吧。

在 Flash 中,你可以将动作脚本添加到时间轴上的任何一个关键帧或者是影片剪辑元件里时间轴上的任意关键帧。在 Flash Player 播放的过程中,如果播放到某一帧,且该帧上有代码,这些代码将会毫无保留地被执行。

▶▶ 2.5 ActionScript 3.0 语言规范和良好的编程习惯

大家都清楚,书写有书写的规范,如从左到右,从上到下,段落开头要空两格,每句话之间要有相应的标点等,虽然你不遵守这些规范也可以写文章,但这样就会给别人阅读、理解你的文章带来不便,甚至误解文章的含义。编写 ActionScript 3.0 代码也是一样的道理,有它自己的规范。虽然遵守这些规范不是必需的,但遵守这些约定俗成的规范,养成良好的编程习惯,可以使程序系统层次结构更加清晰,便于细化分工和协调管理,能有效地提高代码的可读性,减少代码出错的可能性,便于代码的修改和维护,从而提高编程人员的工作效率。

▶▶▶ 2.5.1 命名规范

程序中的函数、变量等都需要命名。统一的命名规则,可以增加程序的可读性,便于记忆,便于细化分工和协调管理;提高程序开发效率;提高程序的可维护性。

例如,假设有一个系统被划分成 A、B、C、D 四个子模块,由四个开发人员同步开发,如果能将各自模块的代码包分别用包含 A、B、C、D 这四个字母的名字显式标识,如 A_×××、B_×××等,那么,以后在集成了这四个模块的主程序中,你一看到 A_×××就知道这是 A 模块的内容,一看到 B_×××就知道这是 B 模块的内容,主程序在什么位置使用了哪个模块就一目了然了,非常清晰。这不仅能使编程人员快速地理解代码的含义,更重要的是可以避免或减少出现错误的可能性,从而提高编程人员编程的效率。

又如,在对变量进行命名时,可以使用匈牙利命名法、驼峰命名法、帕斯卡命名法、下划线命名法等。

原始的匈牙利命名法,现在被称为匈牙利应用命名法,由生于匈牙利布达佩斯的程序员查尔斯·西蒙尼提出。此人后来成了微软的总设计师。

在匈牙利命名法中,一个变量名由一个或多个小写字母开始,这些字母有助于记忆变量的类型和用途,紧跟着的就是程序员选择的任何名称,用单词表示,首字母大写以区别前面的类型指示字母。

例如:

strName:变量代表一个包含名字的字符串

bBusy：布尔型

cApples：项目计数

nSize：整型或计数

iSize：整型或索引

各种命名法中，匈牙利命名法的优点明显，总结如下。

- 望文生义，便于理解。从名字中就可以看出变量的类型。
- 统一的格式，便于记忆。
- 命名快捷、方便。
- 查找方便。

在 Flash 动作面板中，有代码提示功能。如果在声明对象时没有指定类型，而又想显示这些对象的代码提示，就必须在声明的对象名称后添加特殊的后缀。如声明"Array"类的对象时添加"_array"后缀，这样仍然可以触发相关的属性和函数列表框，如图 2-8 所示。

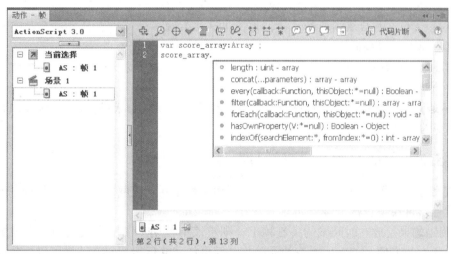

图 2-8 "_array" 后缀触发列表

在舞台上定义的实例名称如果也带有这些特殊的后缀，也有同样的效果。

表 2-2 列出常用对象类型和对应的后缀。

表 2-2 常用对象类型和对应的后缀

对象类型	名 称	变量后缀
Array	数组	_array
Button	按钮	_btn
Camera	摄像机	_cam
Date	日期	_date
Loader	加载	_ld
MovieClip	影片剪辑	_mc
Sound	声音	_sound

对象类型	名　　称	变量后缀
Stage	舞台	_stg
String	字符串	_str
TextField	文本域	_txt
TextFormat	文本格式	_fmt
Video	视频	_video
XML	XML 对象	_xml

- 尽管使用这些后缀不是必需的，但使用这些后缀不仅可以在使用对象时有提示框显示，而且也增加了代码的可读性。
- Flash 对大小写是敏感的，在编写 AS 代码时要注意区分大小写。不正确的大小写将导致程序出现错误。
- 为避免由于大小写造成的错误，最好的方法是尽量使用代码提示窗口输入 Flash 的内置命名、属性、关键字和函数等。

▶▶▶ 2.5.2　养成良好的书写习惯

养成良好的编程书写习惯和规范，不仅可加快程序开发速度，而且可增强程序的可维护性和可读性，常用编程规范概要如下。

- 代码如果是放在时间轴的关键帧上，则应该单独用一图层来放代码。代码层放到最上层，以便查找方便，并确保所有的元件加载后再加载并运行代码，这样可以避免加载空对象错误的出现。
- 编写代码时，如变量名、方法名不能良好体现其含义，则必须添加注释。容易误解的代码必须写注释。注释是用来说明代码的含义及使用方法的，便于日后理解、维护时修改代码。注释在代码中是不参与编译的，不影响代码的功能。
- 单行代码不超过 80 个字符，结尾必须写分号。单行过长时，换行缩进需有良好的对齐格式。
- 使用 Tab 而不是 4 个空格来实现缩进，也可以直接使用自动格式化按钮来使代码对齐。
- if、else、switch、for、while 等语句后面必须有大括号，即使只执行一行代码。大括号可以写在同一行，也可以换行。
- 在适当的地方增加空行，如相关代码块结束时增加空行，以增加代码的可读性。
- 字符串使用双引号，需要嵌套时才使用单引号。
- 对于影片剪辑，尽可能将不同的影片剪辑放到不同的图层中，并对图层进行命名，这样不仅便于修改和调试，还有助于提高编写代码的效率。

● 对于库中元件，除了元件的命名需要有意义，能够望文生义外，还需对元件进行分类管理，以便于查找。

▶▶ 2.6　本章小结

本章首先介绍了 ActionScript 3.0，接着介绍了 ActionScript 3.0 的几种开发工具，包括 Flash CC 2015、FlashDevelop、Flash Builder 和 Eclipse，并就 Flash CC 2015 的动作面板进行了介绍；最后列出了常用的 ActionScript 3.0 语言规范及编写代码时需要养成的良好习惯。

课 | 后 | 练 | 习

一、问答题

1. ActionScript 3.0 语言有哪些特点？

2. 安装 Flash CC 2015 并尝试使用 ActionScript 3.0 的代码窗口。

二、判断题

1. Flash 动画具有跨平台的特性，能在多个平台上运行。（　　　）

2. ActionScript 3.0 是面向过程的程序设计语言。（　　　）

3. ActionScript 3.0 代码只能放在 Flash 的时间轴的关键帧上，没有别的方式。（　　　）

4. ActionScript 3.0 的开发工具只有 Adobe 的 Flash CS3 及以上版本。（　　　）

第3章 变量和数据类型

复习要点：

Flash ActionScript 3.0 特点，开发环境、动作脚本窗口
ActionScript 3.0 语言规范

要掌握的知识点：

变量的含义
变量的声明
变量的初始化
变量的命名规则
基本数据类型

能实现的功能：

声明不同类型的变量
输出变量值
使用运算符进行运算

▶▶ 3.1 变量

就像人平时上街的时候，钱包里总会放些钱，用的时候就取出来。计算机程序在运行过程中也经常会暂时存储一些数据以做备用，之后进行处理。例如，计算机程序必须暂时存储音乐、视频播放器中的暂停位置，以便能够从暂停位置处继续播放。又如玩家在玩游戏的过程中，计算机程序需要暂时记录玩家的姓名、分数和生命值等，以便能够判断玩家能否过关。

程序中是用变量来暂时存放诸如初始值、中间结果或最终结果这些数据的。所谓的变量，其实就像一个存放数据资料的容器，是存储数据的地方，你可以将数字、文本等数据存入到其中，但是必须先要求计算机在内存中预留一块存储空间作为容器，才能存入数据。道理很简单，没有事先准备好容器，数据是没地方存放的。存放在容器里面的数据称作变量值。将变量值存到容器中的目的是方便以后取用。先要为容器取名，这个名字就是变量名。在程序运行的时候，通过变量名就可以改变容器里的数据，即变量值。可以把变量想象成一

18

个旅馆的房间，房间号就相当于变量名，是固定的，但房间里面住的客人，即变量值，却可以变化。这样，一个变量就有以下三个方面的含义。

- 任何一个变量都要占据一块内存单元。也就是说只要有一个变量就要给这个变量分配一块内存单元，在这些内存单元中存放着变量的值。
- 任何一个变量都有自己的一个名称，也就是某一块内存单元的名称。
- 任何一个变量，其值是可以变化的，变量的值可以通过变量名来存取。

▶▶▶ 3.1.1　变量的声明

把计算机程序分配存储空间并为其取名建立变量的过程称为声明变量。任何变量都必须先声明后使用，不然编译器就会报错，导致程序无法运行。

 学一学

在 ActionScript 3.0 中声明变量比较简单，基本语法是：

var 变量名：数据类型；

var 其实就英文单词 variable（变量）的前三个字母字首，在 ActionScript 3.0 中，var 是个关键字，也称保留字。所谓关键字就是在 ActionScript 3.0 中预先保留的字，它们都有特殊的含义，不能用作变量名、函数名等。就像在中国封建社会时期，皇帝的名中包含的字，黎民百姓取名字时是不能用的，必须要避讳。

var 用来设定变量名及其变量类型。特别需要注意的是，var 关键字与变量名之间要用空格隔开。变量名后面紧跟冒号，变量的数据类型写在冒号之后，最后以分号结尾。

例如，声明一个整型变量 i（int 类型）

var i:int;

运行此代码后，计算机程序就会在内存中分配一块内存区域，并将此内存区域标示为 i，这样就建立了变量 i。由于该变量的数据类型是 int 型，因此该变量仅保存 int 类型的数据。除了可以声明 int 类型的变量外，还可以声明 String、Number 等其他类型的变量。

例如，声明字符串变量 user（String 类型）

var user:String;

运行此代码后，计算机程序就会在内存中分配一块内存区域，并将此内存区域标示为 user，这样就建立了变量 user，变量 user 仅能保存 String 类型的数据。

通过以上实例可知，声明变量之后，计算机程序就会帮助你分配一个内存区域来存放数据。但是目前里面是空的，还没有放入数据值。其实，也可以在声明变量的同时，立即在变量中存储一个值，即给它设置初始值，这叫作初始化。初始化的语法如下：

var 变量名：变量数据类型 = 值；

需要注意的是，在数学中，"="表示左侧和右侧相等的意思，不过在 ActionScript 3.0 中"="代表着存储，它的功能是将右边的数据值存入左边变量名所表示的存储空间中，即将右侧的值赋值给左侧的变量，把"="称为赋值运算符。

例如，建立整型变量 i（int 类型），并存入 100。

```
var i:int = 100;
```

运行此代码后，计算机程序就会在内存中预留一块区域，将其标示为 i，并在里面存入 int 类型数据 100。如图 3-1 所示。

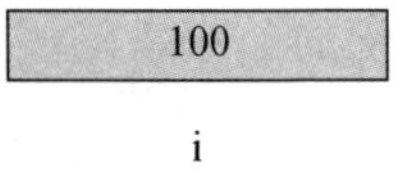

100

i

图 3-1　变量及其值

例如，建立字符串变量 user，并存入 jack。

```
var user:String = "jack";
```

运行此代码后，计算机程序就会在内存中预留一块区域，将其标示为 user，并在里面存入字符串类型数据 "jack"。

在声明变量之后，就可以使用变量名，并为其赋值或者存入某个变量中，语法如下：

变量名 = 值

例如，建立整型变量 k（int 类型），并存入 100，而后更新为 200。

```
var k:int = 100;
k = 200;
trace(k);
```

当输入完成后，按 Ctrl+Enter 组合键运行此代码，计算机程序就会在内存中预留一块区域，将其标示为 k，并在里面存入 100。接着将修改里面存储的数据，用 200 直接替换 100。因此，变量的值以最后一次定义的为准。

trace( ) 语句是 ActionScript 3.0 程序开发中的好帮手。trace 用来跟踪和确认程序是否正确运行。因此，trace( ) 这个指令主要是测试用的，本书的例子中将大量应用 trace( ) 语句。

trace( ) 语句在运行的时候，可以在 Flash 的输出面板中将结果作为一条消息输出。经常可以将变量的值在 trace( ) 语句中输出，用以观察和确认变量值的变化。在 trace( ) 语法中利用 "，" 分隔不同的变量，用来同时输出多个变量值。

```
trace(值);
trace(值 1, 值 2);
trace(值 1, 值 2,…,值 N);
```

例如，执行如下程序：

```
var user:String = "jerome";
var age: int = 34;
trace("user 变量的值是 : ",user);
trace("age 变量的值是 : ",age);
```

输出面板显示结果如图 3-2 所示。

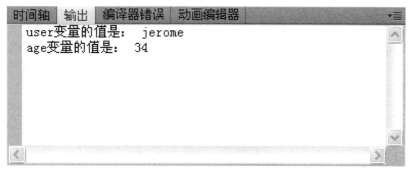

图 3-2　输出变量值

从以上输出结果不难发现，在计算机程序中，对变量的存取实际上是通过变量名找到对应的内存地址，然后从内存存储单元中读取或存储数据。变量的名称始终不变，但它的内容是可以改变的。

声明变量时，最好一并初始化。如果使用没有存储内容的变量，程序有可能发生不可预知的错误。因为，声明变量的目的就是要用它来存储内容，同时为了避免忘记替变量指定内容，在声明变量时就先将初始值指定给变量会比较安全。

用一用

案例 3-1：游戏玩家在游戏过程中需要保存相关数据，如需要一些变量来存放玩家姓名、玩家等级和血量并赋初值。

【程序代码】

```
1    var player:String = "随风";
2    var level:int = 1;
3    var healthPoint:Number = 0;
4    trace(player,level,healthPoint);
```

【代码说明】

第 1 行　定义字符串变量存放玩家姓名，并初始化为 "随风"。
第 2 行　定义整型变量存放玩家等级，并初始化为 1。
第 3 行　定义数值类型变量存放生命值，并初始化为 0。
第 4 行　输出前面定义的 player、level 和 healthPoint 三个变量的值。
按 Ctrl+Enter 组合键测试代码效果。

案例 3-2：相互交换两个整型变量 a 和 b 的值。

【案例分析】

无论是先将 b 的值存入 a 中，还是将 a 的值存入 b 中，都将导致 1 个变量的值被覆盖掉，无法实现相互交换。因此必须要借助一个临时变量，先将要被覆盖的值存入临时变量，使得有个备份，之后用的时候再取出即可。由此看来，交换两个变量的值类似于交换两个杯子里的水一样，需要借助第 3 只杯子。

【程序代码】

```
1     var a:int;
2     var b:int;
3     a = 10;
4     b = 20;
5     trace(a,b);
6     var temp:int;
7     temp = a;
8     a = b;
9     b = temp;
10    trace(a,b);
```

【代码说明】

第 1~2 行　定义了两个整型变量 a，b；

第 3~4 行　为 a，b 变量分别赋值为 10，20；

第 5 行　输出 a，b 变量的值 10，20

第 6 行　定义一个临时整型变量 temp；

第 7 行　将变量 a 的值存入 temp；

第 8 行　将变量 b 的值存入 a；

第 9 行　将变量 temp 的值存入 b；

第 10 行　输出 a，b 变量的值 20，10。

按 Ctrl+Enter 组合键测试代码效果。

 想一想

定义变量时，有哪三个关键的要素？

▶▶▶ 3.1.2　如何命名变量

在声明变量的时候，就必须为变量命名。虽然变量可以随程序员的喜好来任意命名，不过还是有些限制存在的，需要遵守一定的命名规则。就像在中国，父母为新出生的婴儿取名时，就有一些限制和规定，例如，必须使用常用汉字，不能使用生僻字、英文字母和阿拉伯数字等；以姓氏开头，名字的长度不能太长，除少数民族以外，限制在 6 个字以内；名字也不能太短，最少要 2 个字及以上等。

在 ActionScript 3.0 中变量的命名规则不仅仅是为了让编写的代码符合语法，更重要的是增强代码的可读性，要做到自己看得清楚，别人也能看得明白，这样有助于提高程序的可读性和清晰性。信手拈来的、杂乱无章的命名在程序里容易引起代码的混乱，也不容易进行后续维护操作。

 学一学

在 ActionScript 3.0 中，给变量命名必须遵循以下两条原则。

- 最小化长度、最大化信息量原则在保持标识符意思明确的同时应尽量缩短其长度。
- 有效字符：只能用字母和数字（且不能以数字开头），不能使用除_之外的特殊字符；不能使用关键字（又称保留字）。表 3-1 列出了 ActionScript 3.0 中的关键字（保留字）。

表 3-1　ActionScript 3.0 中的关键字

as	break	case	catch	class	const
continue	default	delete	do	else	extends
false	finally	for	function	if	implements
import	in	instanceof	interface	internal	is
native	new	null	package	private	protected
public	return	super	switch	this	throw
to	true	try	typeof	use	var
void	while	with			

除了必须要遵循以上两条命名规则之外，遵循一个标准的命名规范也是相当重要的。例如，在中国，父母亲为子女取名时，除了必须遵守公安部门的相关规定外，还会根据子女的生辰八字等信息，按照中国传统的、约定俗成的一些说法来取名，期望一个好名字能够为子女带来一辈子的好运。其实，对于程序员来讲，使用标准的命名规范不仅仅可使存取变量变得简单，也能使其他程序员在使用的时候倍感轻松。那么在 ActionScript 3.0 中如何才能做到规范地为变量命名呢？

（1）变量名字面上尽量能顾名思义。一般变量名用来描述这个变量是做什么的，或者是存储什么的。虽然执行程序的是计算机，只要符合规则的变量名都没问题，但是阅读和维护程序的却是人，因此，将变量名命名为容易懂、不易误解的名称，有利于提高代码的可读性和代码的维护效率。

例如，声明一个准备用来存储玩家分数的变量，名称可以叫作 score；声明一个准备用来存储玩家名字的变量，名称可以叫作 user，这样就比较容易理解变量的用途或者存储内容。

（2）变量名长度上尽量短小精悍。毋庸置疑，变量名的长度尽量越短越好，但是如果过短则有可能导致不足以清晰描述变量的含义，因此，两者都需要兼顾，不能顾此失彼。应做到在变量名尽可能短的情况下，变量的含义尽可能清晰，即 "min-length&max-information" 原则。

例如，声明一个准备用来存储玩家最高等级的变量，变量名采用 maxGrade 肯定比 maxi-

23

mumGradeOfPlayer 要合理一些。

另外，尽量使用业界比较认可的单词缩写，比如 minmum 缩写成 min，maximum 缩写成 max 等，这样有利于减少变量名的长度，同时还不影响变量的含义。

（3）变量名书写上尽量统一规范。虽然 ActionScript 3.0 支持用中文来命名变量，但几乎所有的程序员都已经习惯了采用英文来命名变量，因此，业界通用的做法还是采用英文命名变量。

在采用英文命名时，会出现一个单词不足以表达变量字面上的含义的情况，这时候就应该采用两个或两个以上单词组成具有意义的变量名称。例如，声明用来分别存储员工的姓名、部门、头衔等信息的变量，名称可以叫作 empolyeeName，employeeDepartment，employeeTitle。你会发现这些变量名混合了大小写，其实这些变量名同时也遵守了另一个命名规则，即驼峰命名法。该规则规定用多个单词组合描述变量名时，需要混用大小写字母，第一个单词首字母小写，其后的单词首字母大写。变量的名字应该用"名词"或者"形容词+名词"来构成，例如 score、user、maxScore 等。

对于一个优秀的程序员来说，必须要养成良好的变量命名习惯。

用一用

案例 3-3： 运行下面的程序，观察并分析变量命名是否正确和规范。

【程序代码】

```
1    user:String = "jerome";
2    var grade = 1;
3    var score:float = 98. 5;
4    var 10years:String;
5    var abc+def:String;
6    var var:int = 1;
```

【代码说明】

第 1 行　定义 user 变量时未使用关键字 var。

第 2 行　编译器不会报错，但建议定义 grade 变量时指明数据类型。

第 3 行　变量命名虽然符合规范，但是 ActionScript 3.0 中没有 float 数据类型，这里应该修改为 Number 类型。

第 4 行　变量命名不能以数字开头。

第 5 行　变量命名不能使用"+"等特殊符号。

第 6 行　不能使用 ActionScript 3.0 中的关键字（保留字）做变量名。

按 Ctrl+Enter 组合键测试代码效果。

在 ActionScript 3.0 中，变量名区分大小写吗？

▶▶▶ 3.1.3　数据类型

在前面声明变量的时候，除了声明了变量的名字外，还声明了变量的数据类型。所谓数据类型就是这个变量名对应的存储容器里究竟存储的是何种数据。如果变量的数据类型是 Number，那么这个变量只可以存储数值；如果变量的数据类型是 String，那么它只可以存储字符串值，依次类推。为什么要用不同的数据类型来表示变量？

不同类型的数据，可以处理不同类型的问题。例如，手机中使用数字可以存储电话号码，使用英文字符可以存储电子邮件地址，却不能用来存储电话号码。因此，程序为了处理不同的数据，必须使用不同的数据类型。

变量如同旅馆的房间，为了满足不同旅客的需求，旅馆将房间分为单间、双人间、标准间、三人间、总统套间等多种不同类型。不同的客人根据自身的情况和需要（例如住宿人数、性别、是否有小孩等）来选择不同的房间类型，做到各取所需，不仅能够住下，同时还不浪费床位。

在 ActionScript 3.0 中提供了多种不同的数据类型，它们在内存中所占用的存储单元是不同的，有大有小。因此，在声明变量的时候，要替变量选择最合适的数据类型，对号入座，以免浪费内存空间。

ActionScript 3.0 中有几种基本数据类型，或者是元数据类型：Number、int、uint、String 和 Boolean。如表 3-2 所示。

表 3-2　ActionScript 3.0 基本数据类型

数据类型	说　　明	默认值
Number	数值类型，可以是整数，也可以是实数	NaN
int	有符号整数类型	0
uint	无符号整数类型，表示非负整数	0
String	字符串类型，字符串数据前后需要用双引号（""）或单引号（''）括起来	null
Boolean	布尔类型，它只有 true（真）和 false（假）两种值，用来判断条件成立与否	false

Number、int 和 uint 三者可以统称为数值类型，例如−1，1，0，3.1415 等。数值类型的变量主要用于数学运算，只不过 Number、int 和 uint 三种类型各自的取值范围不同。

String 类型，顾名思义，就是字符串类型。字符串就是用一对双引号或单引号括起来的字符序列。例如 "china"、"中国" 和 "#￥%&" 等。

Boolean 类型，就是布尔类型。它只有两种取值：true（真）和 false（假）。通常用来表示判断条件成立与否。如果条件是成立的，则用 true 表示；反之，如果条件是不成立的，则用 false 表示。例如：

人有翅膀，判断结果：false。

人是动物，判断结果：true。

虽然 ActionScript 3.0 中有以上几种基本数据类型，但计算机只能识别二进制的数据，所以无论何种数据类型的数据，最终都会被以二进制的形式存储在内存中。不同的数据类型在内存中占用的空间是不同的，对它们执行的运算速度也不相同。例如，存储 uint（非负整数）类型数据时需要的内存会较小（32 位，即 $0 \sim 2^{32}-1$，因此，其取值范围 $0 \sim 4\ 294\ 967\ 295$），计算机对其执行的速度就非常快；而 Number 型（数值）所占用的内存会比较大（64 位），计算机对其执行的速度就会较慢。因此，一般来说，在计算有符号整数时采用 int 类型，而计算无符号整数时则采用 uint 类型，涉及小数点时，则使用 Number 类型。

通过以上介绍可知，ActionScript 3.0 中变量占据内存的大小由数据类型决定，不同数据类型的变量，系统为其分配的内存空间是不一样的。

同时，每种基本数据类型对应着一组允许的操作，例如，对整数类型可以进行四则算术运算，对布尔类型可以进行逻辑运算，而对字符串类型则不能进行以上运算。

当变量被赋予与数据类型不匹配的值时，将会引起编译错误，这些错误会在编译错误面板中显示。

对于 ActionScript 3.0 的数据类型来说，都有各自的默认值。所谓默认值，就是在声明变量的时候，如果未进行初始化，则系统将为变量赋一个初值。各种数据类型的默认值请见表3-2。

虽然 ActionScript 3.0 中声明变量的数据类型不是必需的，但要养成声明数据类型的好习惯。数据类型使变量变得很容易识别，因为，很容易从数据类型中得知变量存储了什么类型的数据。

A 用一用

案例 3-4：学校需要在学生毕业前夕统计每个学生的学号、姓名、性别、年龄、学分积点、是否颁发毕业证书等信息，下面程序声明多个变量来存储某个学生以上相关信息。

【程序代码】

```
1    var studentNo:String = "1510001";
2    var fullName:String = "张三";
3    var gender:String = "男";
4    var age:int = 21;
5    var gpa:Number = 3.2;
6    var isDiploma:Boolean = true;
```

```
7       trace(studentNo,fullName,gender,age,gpa,isDiploma);
```

【代码说明】

第 1 行　定义字符串变量 studentNo 存放学生学号，并初始化为" 1510001"。

第 2 行　定义字符串变量 fullName 存放学生姓名，并初始化为" 张三"。

第 3 行　定义字符串变量 gender 存放学生性别，并初始化为" 男"。

第 4 行　定义整型变量 age 存放学生年龄，并初始化为 21。

第 5 行　定义数值类型变量 gpa 存放学生学分积点，并初始化为 3.2。

第 6 行　定义布尔型变量 isDiploma 存放学生是否颁发毕业证书，并初始化为 true。

第 7 行　输出以上定义变量的值。

按 Ctrl+Enter 组合键测试代码效果。

案例 3-5：下面的代码中测试对 String 类型的变量赋予 Number 类型的值，是否会引起编译错误。

【程序代码】

```
1       var user:String = "jerome";
2       var grade:int = 1;
3       trace(user,grade);
```

执行代码，这些值都将在输出面板中显示。

下面修改第 1、2 行代码，将产生一个数据类型不匹配的错误，引发编译错误。

```
1       var user:String = 1;
2       var grade:int = "jerome";
3       trace(user,grade);
```

执行代码，由于第 1，2 行代码中，为两个变量存入了与其数据类型不一致的值。第 1 行代码中 String 类型的变量被赋予了 int 类型的值，第 2 行代码中 int 类型的变量被赋予了 String 类型的值，因而引发编译错误。

接着，将第 1、2 行代码删除 String 和 int 数据类型：

```
1       var user = 1;
2       var grade = "jerome";
3       trace(user,grade);
```

执行代码，程序能够执行，这是由于数据类型被删除了，因而没有引起编译错误。虽然声明变量的时候可以不指定数据类型，但这样容易产生变量存储的数据内容类型紊乱，导致代码逻辑错误。

因此，要养成声明变量时指定数据类型的习惯，这样可避免程序出现语法错误。

 想一想

声明变量时指定数据类型有什么作用？

▶▶▶ 3.1.4 常量

把变量比作一个存放数据的容器，这个容器有它的名称，即变量名。在程序运行时，容器里面的内容是可以改变的，即变量值是可以改变的。但是在程序运行的时候，有时需要其值始终不变的"变"量，称为常量。

 学一学

顾名思义，常量的值不能更改。但常量也可以看作是一个变量，只是这个变量很特别，是一个值不变的变量。声明常量如同声明变量，只是用 const 关键词代替了 var。

const 常量名:常量类型 = 常量值;

首先是定义常量的关键词 const，然后空格，接着是具体的常量名。常量的命名规则跟变量规则一样，不过按惯例，常量的名字都应该大写。若名字由多个单词构成，单词之间用下划线"_"分隔。之后是冒号，冒号之后是常量类型。再之后是一个赋值运算符" = "，表示把右边的值赋给左边，最后以分号"；"结束。

常量到底有什么好处呢？记得数学里的圆周率吗？它代表圆周长和直径的比值，约等于 3.14，如果程序中多处需要使用圆周率，就可以定义一个常量 PI 来代替圆周率。

const PI:Number = 3.14;

但如果要提高圆周率的精确度到 3.14159，只需一次性更改 PI 这个常量的赋值：

const PI:Number = 3.14159;

即可在程序中统一将圆周率从 3.14 更改为 3.14159，这样的处理方式极大地方便了程序的维护。

A 用一用

案例 3-6：计算并输出半径为 10 的圆的面积。

【案例分析】

可以使用数学上求圆面积公式 $s = \pi r^2$ 计算圆的面积，最关键的地方在于确定 π 的值和用变量来存储半径和圆面积的值。π 用常量进行定义，需要改变 π 的值时，只需修改常量的值即可。

【程序代码】

```
1    var radius:Number = 10;
2    const PI:Number = 3.14;
3    var s:Number = PI* radius* radius;
4    trace("圆的面积是:"+s);
```

【代码说明】

第 1 行　定义了 Number 类型变量 radius，用来存储圆的半径，并赋初值 10。

第 2 行　定义了 Number 类型常量 PI，用来代表圆周率，并赋值 3.14。

第3行　根据圆面积计算公式，将计算结果存入变量 s。

第4行　输出圆的面积。

按 Ctrl+Enter 组合键测试代码效果。

如果想要将圆周率的精度提到 3.14159，在第 2 行后面改变 PI 的赋值，如下所示：

```
1    var radius:Number = 10;
2    const PI:Number = 3.14;
3    PI = 3.14159;
4    var s:Number = PI* radius* radius;
5    trace("圆的面积是:"+s);
```

运行程序，编译器报告错误，这是为什么？

这是因为常量的值在程序运行中永不改变，导致只能对常量赋值一次。在第 2 行 PI 这个常量已经被赋值了，如果在第 3 行再试图改变它的赋值，就会引发错误。

另外，如果声明常量后不对其赋值，之后再对其赋值，代码如下：

```
1    var radius:Number = 10;
2    const PI:Number;
3    PI = 3.14159;
4    var s:Number = PI* radius* radius;
5    trace("圆的面积是:"+s);
```

运行程序，编译器也会报告错误。这是因为常量只能在声明的时候进行赋值，而一经赋值便不可更改！即使声明后不对其赋值，然后马上对其赋值也不行。

要想成功将常量 PI 的值从 3.14 改为 3.14159，只能在定义常量的地方修改，代码如下：

```
1    var radius:Number = 10;
2    const PI:Number = 3.14159;
3    var s:Number = PI* radius* radius;
4    trace("半径为 10 的圆的面积是:"+s);
```

因此，常量只能在定义时赋值，且这个值是不可变的，即赋值之后不可以重新赋值。如果试图使用赋值语句修改常量的值，编译器将会报错。

案例 3-7：一周内时针、分针和秒针分别转了多少圈？

【案例分析】

一天里有 24 小时，时针转 2 圈，一小时分针转 1 圈，因此一天里分针总共转了 24×1 = 24 圈，而一分钟秒针转 1 圈，因此一天里秒针总共转了 24×1×60 = 1 440 圈。因此一周 7 天转的圈数就非常容易求出。

【程序代码】

```
1    const DAYS_PER_WEEK:int = 7;
2    var hourHandCircles:int = DAYS_PER_WEEK * 2;
3    trace("一周内时针走的圈数:",hourHandCircles);
```

```
4    var minuteHandCircles:int = DAYS_PER_WEEK * 24;
5    trace("一周内分针走的圈数 :", minuteHandCircles);
6    var secondHandCircles:int = DAYS_PER_WEEK * 1440;
7    trace("一周内秒针走的圈数 :", secondHandCircles);
```

【代码说明】

第 1 行代码定义了一个常量 DAYS_PER_WEEK 用来表示一周的天数。因为这个值固定不变且后面的代码会用到这个值，因此将其定义为常量比较合适。

后面的代码主要是将计算的结果进行输出。但是程序中出现 24、1 440 等数字会让读程序的人一头雾水，不易了解这些数字到底是什么，在这种情况下，为了增强程序的可读性，需要使用常量对这类数字进行命名。

```
1    const HOURS_PER_DAY:int = 2;//一天时针转两圈
2    const MINUTES_PER_DAY:int = 24* 1;//一天分针转的圈数
3    const SECONDS_PER_DAY:int = 24* 1* 60;//一天秒针转的圈数
4    const DAYS_PER_WEEK:int = 7;
5    var hourHandCircles:int = DAYS_PER_WEEK * HOURS_PER_DAY;
6    trace("一周内时针走的圈数 :", hourHandCircles);
7    var minuteHandCircles:int = DAYS_PER_WEEK * MINUTES_PER_DAY;
8    trace("一周内分针走的圈数 :", minuteHandCircles);
9    var secondHandCircles:int = DAYS_PER_WEEK * SECONDS_PER_DAY;
10   trace("一周内秒针走的圈数 :", secondHandCircles);
```

利用 HOURS_PER_DAY、MINUTES_PER_DAY、SECONDS_PER_DAY 等容易了解的常量名字来存储计算时所需要的值，能提高程序的可读性。

按 Ctrl+Enter 组合键测试代码效果。

在程序中哪些情况下使用常量会比较便利呢？

▶▶ 3.2　运算符

有了变量和常量这些数据后，还需要对它们进行必要的运算处理，这时在程序中就必须用一套符号来清晰而准确地描述如何进行不同的数据运算处理，就像在数学中用 +、−、×、÷符号来表示加减乘除四则运算一样。

在 ActionScript 3.0 中设计了一套符号来表示各种不同的运算方式，这些表示不同运算的符号称为运算符。通过这些运算符指示计算机进行什么样的数据运算。参加运算的数据称为运算对象或操作数，用运算符把运算对象连接起来的式子称为表达式。每个表达式运算产生的值，就是表达式的值。例如，2 ∗ 3 就是一个表达式，其中 2 和 3 是运算对象，∗ 符号则是运算符，表示要对两个操作数 2 和 3 做乘法运算，而表达式的值就是 6。

ActionScript 3.0 中的运算符比较丰富，本书主要介绍常用的算术运算符、赋值运算符、关系运算符和逻辑运算符。

▶▶▶ 3.2.1　算术运算符

最简单、最熟悉的运算莫过于进行加法、减法、乘法、除法四则运算，在 ActionScript 3.0 中，使用 +、−、＊、/ 运算符进行四则运算，再利用 = 赋值运算符将结果存入左边的变量即可。

 学一学

ActionScript 3.0 中算术运算符包括基本算术运算符、自增和自减运算符等。如表 3-3 所示。

表 3-3　**ActionScript 3.0 中常用运算符**

运算符号	名称	例子	运算功能
+	加法运算符	a+b	求 a 与 b 的和
−	减法运算符	a−b	求 a 与 b 的差
＊	乘法运算符	a＊b	求 a 与 b 的积
/	除法运算符	a/b	求 a 除以 b 的商
%	模运算符	a%b	求 a 除以 b 的余
++	自增运算符	a++或++a	a 自身加 1，等价于 a=a+1
−−	自减运算符	a−−或−−a	a 自身减 1，等价于 a=a−1

特别值得注意的是，乘法运算符使用的是"＊"符号，而不是数学中的"×"符号，除法运算符使用的是"/"符号而不是"÷"符号。"%"符号用来求余数，是取模运算符，而不是用来计算百分比的。

比较特别的是自增运算符"++"和自减运算符"−−"，这两个运算符不需要使用赋值符号"="，即可将变量自身加 1 或者减 1。

用一用

案例 3-8：运行下面的程序，观察并分析自增、自减运算符的用法。

【程序代码】

```
1    var a:int = 2;
2    var b:int;
3    b = a++* 4;
4    trace("a = "+a,"b = "+b);
5    a = 2;
6    b = a-- * 4;
7    trace("a = "+a,"b = "+b);
8    a = 2;
9    b = ++a* 4;
```

```
10    trace("a = "+a,"b = "+b);
11    a = 2;
12    b = -- a* 4;
13    trace("a = "+a,"b = "+b);
```

程序输出结果如图 3-3 所示。

图 3-3 程序输出窗口

【代码说明】

第 1 行 声明整型变量 a，并赋初值为 2。

第 2 行 声明整型变量 b。

第 3 行 赋值表达式右边的 a++ * 4 中，先读取 a 的值参与运算，然后才是自身加 1，因此 b 的值是 8（即 2 * 4），而 a 的值是 3（即 2+1）。

第 4 行 将输出 a 和 b 的值，分别是 3 和 8。

第 5 行 将数值 2 赋值给变量 a。

第 6 行 在赋值表达式右边的 a-- * 4 中，先读取 a 的值参与运算，然后才是自身减 1。

第 7 行 输出变量 a 和 b 的值，分别是 1 和 8。

第 8 行 再次将变量 a 赋值为 2。

第 9 行 在赋值表达式右边的 ++a * 4 中，先将 a 自身加 1，再乘以 4，最后赋值给变量 b，b 的值是 12。

第 10 行 输出变量 a 和 b 的值，分别是 3 和 12。

第 11 行 再次将 a 赋值为 2。

第 12 行 在赋值表达式右边的 --a * 4 中，先将 a 自身减 1，再乘以 4，最后赋值给变量 b，b 的值是 4。

第 13 行 输出变量 a 和 b 的值，分别是 1 和 4。

按 Ctrl+Enter 组合键测试代码效果。

自增（++）或自减（--）运算符只能用于简单变量，常量或表达式不能做这两种运算的，如 3++ 及（a+b）-- 都是不合法的。

++a 与 a++ 是有区别的。其中 ++a，是在使用变量 a 的值之前先将 a 自身加 1；而 a++，是在使用变量 a 的值之后，a 再自身加 1。

▶▶▶ 3.2.2 复合赋值运算符

如果希望针对变量进行运算后，将运算结果直接存入该变量，就可以使用复合赋值运算符。它们实际上是一种简写形式，使得对变量的改变更为简捷一些。

 学一学

等号 " = " 在 ActionScript 3.0 中被作为赋值运算符来使用，其一般形式为：

变量名 = 表达式；

赋值运算符的作用是将赋值运算符右侧表达式的值赋给左侧的变量。如果右侧表达式中包含了左侧变量进行运算，再将运算后的值赋给左侧变量，也就是利用变量自己进行参与运算并赋给变量自己，这时候就可以使用 ActionScript 3.0 提供的复合赋值运算符。用法如表3-4所示。

表 3-4 ActionScript 3.0 中常用复合赋值运算符

运算符号	例子	等价于	说明
+ =	a+ = 3	a=a+3	进行加法运算后，将计算结果赋值给该变量
– =	a– = 3	a = a–3	进行减法运算后，将计算结果赋值给该变量
* =	a * = 3	a =a * 3	进行乘法运算后，将计算结果赋值给该变量
/ =	a/ = 3	a=a/3	进行除法运算后，将计算结果赋值给该变量
% =	a% = 3	a=a%3	进行取模运算后，将计算结果赋值给该变量

用一用

案例 3-9：运行下面的程序，观察并分析复合赋值运算符的用法。

【程序代码】

```
1    var a:int = 3;
2    var b:int = 4;
3    var c:int = 24;
4    a *= b;
5    trace(a);
6    b += c;
7    trace(b);
8    c /= a;
9    trace(c);
```

【代码说明】

第1~3行　分别声明了 a、b、c 三个整型变量。

第4行　a * =b 等价于 a=a * b，即将 a 与 b 相乘后的值再赋值给 a。

第5行　输出变量 a 的值 12。

第6行　b+=c 等价于 b=b+c，即将 b 与 c 相加后的值再赋值给 b。

第7行　输出变量 b 的值 28。

第8行　c/=a 等价于 c=c/a，即将 c 与 a 相除后的值再赋值给 c。

第9行　输出变量 c 的值 2。

按 Ctrl+Enter 组合键测试代码效果。

▶▶▶ 3.2.3　比较运算符

在程序中经常需要比较两个数之间的大小关系，在 ActionScript 3.0 中使用比较运算符来执行比较运算。比较运算符是一个二元运算符，也就是左右两边各有一个运算对象。比较运算的结果是一个布尔值（Boolean），要么为真（true），要么为假（false）。比较运算符常用于条件语句中。

 学一学

ActionScript 3.0 中常用的比较运算符如表 3-5 所示。

表 3-5　比较运算符

运算符号	名　　称	例　　子	运算功能
>	大于	a>b	a 大于 b
>=	大于等于	a>=b	a 大于或等于 b
<	小于	a<b	a 小于 b
<=	小于等于	a<=b	a 小于或等于 b
==	等于	a==b	a 等于 b
!=	不等于	a!=b	a 不等于 b

比较运算符可以用来比较左右两边的数字或字符串。

数的大小是按其表示数量的多少来决定的。如 5>4，其值为 true。那么字符串的大小是如何比较的？

计算机以二进制存储数据，那么如何存储字符数据呢？其实每个字符都编码成一个二进制代码，称为 ASCII 码。ASCII 码是美国信息交换标准代码的缩写，它以一个 8 位二进制数来表示一个字符，因此，在内存中，存储一个字符时，并不是将字符本身存放其中，而是将其对应的 ASCII 码值存入存储单元。由于二进制数记忆起来比较麻烦，平时一般把二进制数转换成十进制数。例如，字符 "a" 的 ASCII 码值为 97（十进制），而字符 "A" 的 ASCII 码值为 65（十进制）。

在比较字符串大小时，首先是从左到右逐个比较两个字符串中各个字符的 ASCII 码值的大小，若第一个字符已能分出大小，那么就决定了字符串的大小。否则，继续往下比较第 2 个字符大小，直到有一方字符的 ASCII 码值大于另一方，则宣告比较结束。

例如，字符串 "abc" 与字符串 "ABC" 进行比较，首先从左边的第 1 个字符开始比较，由于字符"a"的 ASCII 码值（97）大于字符"A"的 ASCII 码值（65），此时已分出大小，停止比较，比较结果则为 "abc" > "ABC"。

因此，在比较两个操作数时，要留意操作对象是数字还是字符串。例如，对于数字类型的操作对象，123>66，但是对于字符串类型的数据，"123" < "66"。

 用一用

案例 3-10：运行下面的程序，观察并分析比较运算符的用法。
【程序代码】

```
1    var a:int  = 1;
2    var b:int  = 2;
3    var c:int  = 0;
4    var d:Boolean = true;
5    trace(b>a);
6    trace(c>b);
7    trace(d> = a);
```

【代码说明】
第 1 行　定义了整型变量 a，并赋初值 1。
第 2 行　定义了整型变量 b，并赋初值 2。
第 3 行　定义了整型变量 c，并赋初值 0
第 4 行　定义了布尔型变量 d，并赋初值 true。
第 5 行　输出 b>a 表达式的值，由于 b=2，a=1，因此表达式运算结果为真，输出的值为 true。
第 6 行　输出 c>b 表达式的值，由于 c=0，b=2，因此 c>b 表达式运算结果为假，输出的值为 false。
第 7 行　输出 d>=a 表达式的值，由于 d 为布尔型，且值为 true。布尔值 true 在参与数值运算时会转换成数值 1，而布尔值 false 在参与数值运算时会转换成数值 0。因此这里 d 的值为 1，d>=a 表达式的值为真，输出的值为 true。

按 Ctrl+Enter 组合键测试代码效果。

注意

初学者容易混淆的两个运算符：等于运算符（==）和赋值运算符（=）。等于运算符（==）由两个"="连接而成，但与等号（=）的作用不同。等于运算符（==）用来比较左右两端操作对象大小，返回一个布尔值，如果两数相等则值为 true，否则为 false。赋值运算符（=），是将右边的值赋给左边的变量，只改变左边操作对象的值而不返回值。

▶▶▶ 3.2.4　逻辑运算符

在程序中需要经常判定多个条件相互之间组合的逻辑运算结果。在 ActionScript 3.0 中用逻辑运算符来执行逻辑运算。

 学一学

逻辑运算符对布尔值进行逻辑运算，其结果是布尔值。ActionScript 3.0 中有三个逻辑运算符：逻辑非、逻辑与和逻辑或。ActionScript 3.0 中的逻辑运算符如表 3-6 所示。

表 3-6　逻辑运算符

运算符号	名称	例子	运算功能
!	逻辑非	! a	若 a 为 true，则运算结果为 false；若 a 为 false，则运算结果为 true
&&	逻辑与	a&&b	只有当 a 和 b 的值均为 true 时，运算结果才为 true，否则为 false
||	逻辑或	a||b	只有当 a 和 b 的值均为 false 时，运算结果才为 false，否则为 true

从上表可以看出，和比较运算表达式的值一样，逻辑运算表达式的值也是布尔值。

逻辑与，就像日常生活中说的"并且"，当所有条件都成立的情况下，运算结果才为 true。例如，物质燃烧的条件有以下三个。

a：物质本身具有可燃性。

b：温度要达到可燃物的着火点。

c：可燃物与氧气（或空气）充分地接触。

以上三个条件缺一不可，只要同时满足上述三个条件，物质就可以燃烧，这三个条件用逻辑与表示，即 a&&b&&c。

逻辑或，就像日常生活中说的"或者"，当任何一个条件满足的情况下，运算结果为 true。例如，一个男生的择偶标准是女生要"知书达礼或贤惠顾家"，也就是说满足条件 a（知书达礼）或者满足条件 b（贤惠顾家）中任意一个条件的女生才有可能做他的女朋友。这用逻辑或表示即：a\|\|b。

逻辑非，就像日常生活中说的"相反"，当一个条件满足时，进行逻辑非运算其结果为 false；当条件不满足时，进行逻辑非运算其结果为 true，即将条件的布尔值取反。

特别要注意的是逻辑非（!）是一个单目运算符，只有一个操作数，它返回与操作数相反的布尔值。

用一用

案例 3-11：运行下面的程序，观察并分析逻辑运算符的用法。

【程序代码】

```
1    trace(true||false);
2    trace(true&&false);
3    trace((10>20)&&(20>10));
4    trace((10>20)||(20>10));
```

【代码说明】

第 1 行　true||false 表达式中，由于||运算中已有一个条件为 true，因此值为 true。

第 2 行　true&&false 表达式中，由于 && 运算中已有一个条件为 false，因此值为 false。

第 3 行　（10>20）&&（20>10）表达式中，由于 && 运算中第 1 个条件（10>20）为假，因此整个表达式值为假，输出 false。当使用逻辑与"&&"运算时，如果前面表达式的值是 false，则整个表达式的值就返回 false，不再需要执行后面的表达式。

第 4 行　（10>20）||（20>10）表达式中，第 1 个条件（10>20）为假，而第 2 个条件（20>10）为真，因此（10>20）||（20>10）表达式的值为真，输出 true。当使用逻辑或"||"运算时，如果前面表达式值是 true，则整个表达式的值就返回 true，不再需要执行后面表达式。

按 Ctrl+Enter 组合键测试代码效果。

 想一想

如果表示 x 大于等于 10 且 x 小于等于 20，在数学中使用 10≤x≤20，那么在 ActionScript 3.0 中该如何写此表达式呢？

▶▶▶ 3.2.5　字符串连接运算符

字符串，顾名思义，就是将一系列字母、数字或其他字符串接在一起的文本。在程序设计中对文本的处理其实是很频繁的，ActionScript 3.0 也不例外。只要涉及文本处理，肯定就会用到字符串，这里主要介绍比较常见的字符串连接运算。

 学一学

所谓字符串连接，就是将两个字符串按顺序串接成一个新的字符串，那么使用什么符号来连接字符串呢？在 ActionScript 3.0 中使用符号"+"来连接两个字符串。

需要注意的是，运算符"+"是个非常特别的运算符号，需要根据上下文来确定它的运算符类型。当它左右两边的操作数是数值类型时，它就是加法运算符；当它左右两边的操作数至少有一个是字符串类型时，它就是字符串连接运算符，将两边的字符串连接起来，成为一个新的字符串。

其实，当使用"+"运算符连接字符串时，若它左右两边有一个不是字符串类型，则 ActionScript 3.0 会自动将非字符串类型转换成字符串类型，再进行连接。

Ａ 用一用

案例 3-12：运行下面的程序，观察并分析字符串连接运算符的用法。

【程序代码】

```
1    var s1:String = "我爱你";
2    var s2:String = "中国!"
3    var s3:String = s1+s2;
4    trace(s3);
```

【代码说明】

第1行　定义了一个字符串变量 s1，并赋初值为"我爱你"。

第2行　定义了一个字符串变量 s2，并赋初值为"中国!"。

第3行　定义了一个字符串变量 s3，并将字符串 s1 和 s2 连接后的值赋值给 s3。

第4行　通过 trace(s3)语句将字符串 s3 的内容输出。程序执行后，将会输出"我爱你中国!"

其实，还可以使用+=运算符来得到相同的结果。

```
var s1:String = "我爱你";
s1+= "中国!";
trace(s1);
```

程序执行后，也将会输出"我爱你中国!"

案例 3-13： 运行下面的程序，观察并分析字符串连接运算符的用法。

【程序代码】

```
1     var str:String = "半径为 3 的圆面积为:";
2     var area:Number = 3. 14 * 3* 3;
3     str = str + area;
4     trace(str);
```

【代码说明】

第1行　代码定义了一个字符串变量 str，并赋初值"半径为 3 的圆面积为:"。

第2行　代码定义了一个 Number 类型的变量 area，并将半径为 3 的圆面积计算结果 28. 26 赋值给 area。

第3行　代码将字符串 str 与 Number 类型的变量 area 进行连接。由于 area 变量不是字符串，因此在连接时，系统自动将其转换为字符串，将 28. 26 转换为 "28. 26"。

第4行　输出字符串变量 str 的值。

如果想将两个数值类型的操作数连接成字符串，可以借助第三者，即一个空字符串来改变运算符"+"的上下文环境，例如，

```
var str = "" + 12 +34;
trace(str);
```

输出的 str 值就是字符串 "1234"，而不是数字 46。其实，上面的语句就相当于：

```
var str = String(12)+String(34);
trace(str);
```

这里自动通过强制类型转换的方式将数值类型的数据转换为字符串类型。其实，数字字符串也可以通过强制类型转换的方式转换为数字型数据，例如：

```
trace(Number("1234")+5);
```

输出的结果是 1239，而不是字符串 "12345"，原因在于 Number ("1234")将数字字符串

"1234" 强制转换为数字 1234，这时候，运算符 "+" 两边的操作数均为数字类型，因此，此时将会以加法运算符来计算两边的操作数，因此就可以得到 1234 和 5 相加等于 1239 的结果。

特别需要注意的是，在将字符串强制转换为 Number 类型时，若字符串包含的字符全部为数字，则转换后的结果为该数字，若字符串含有无法转换的其他字符，则转换为 Number 类型后的结果为 NaN。

在字符串连接运算中至少应该有一个操作数是字符串类型。

▶▶▶ 3.2.6　运算符优先级

前面介绍了多种不同的运算符，当一个表达式中出现多个运算符时，会以何种顺序来进行运算呢？

不同的运算符执行顺序上具有不同的优先顺序，称为运算符的优先级。在 ActionScript 3.0 中，就如同在数学中规定 "先乘除后加减" 的四则运算顺序一样，也是采取规定运算符的优先级顺序来解决多个运算符之间的运算先后顺序的。

 学一学

运算的先后顺序由运算符的优先级和结合律决定。如果表达式中出现多个具有相同优先级的运算符，这时候再使用结合律的规则来确定优先级。

在前面介绍的常用运算符中，除了赋值运算符之外，其他都是左结合的，即先处理左边的运算符，再处理右边的运算符。

例如，1+2＊3-5，由于乘法比加法和减法的优先级都高，因此，优先计算 2＊3，得到 1+6-5，这时候由于加法（+）和减法（-）具有相同的优先级，并且这两个运算符都是左结合的，因此先进行左边的加法运算，得到 7-5，最后再通过减法计算出最终结果 2。

例如，你为 1+2＊3-5 加一个括号，变成（1+2）＊3-5，这样将最先计算括号里面的 1+2。

ActionScript 3.0 中定义了默认的运算符优先级，当算术运算符、比较运算符、逻辑运算符、赋值运算符等一起进行混合运算时，各类运算符的优先级的高低顺序如下：

！>算术运算符>关系运算符>&&>||>赋值运算符

但是要准确无误地记住优先级顺序是比较困难的，有经验的程序员会使用小括号来代替记忆。就如同在数学中用小括号（）来改变四则运算顺序。同样地，在 ActionScript 3.0 中，括号内的表达式先执行运算，因此，对于有多个运算符的表达式，人为地通过使用小括号来准确地、清晰地指定优先级，这样除了括号多一点，没什么坏处，还增强了可读性。

 用一用

案例 **3-14**：运行下面的程序，观察并分析字符串连接运算符的用法。

【程序代码】

```
1    trace( "1+2 的和是:"+1+2);
```

```
2      trace( "1+2 的和是:"+(1+2));
```

【代码说明】

第 1 行　输出"1+2 的和是：12"，这是因为按照左结合性，先会将字符串 "1+2 的和是:" 与数字 1 进行连接，接连后的结果再与数字 2 进行连接，最后输出。

第 2 行　输出"1+2 的和是：3"，这是因为使用括号改变了运算符的优先级，将会导致数字 1 和数字 2 首先进行加法运算得到结果 3，然后字符串 "1+2 的和是:" 再与数字 3 进行连接，最后输出。

按 Ctrl+Enter 组合键测试代码效果。

案例 3-15： 运行下面的程序，观察并分析逻辑运算符的用法。

【程序代码】

```
1      trace(1+2* 3);
2      trace((1+2)* 3);
3      var a:int,b:int,c:int;
4      trace(a = b = c = 2);
```

【代码说明】

第 1 行　根据先乘除后加减的优先级顺序，输出结果 7。

第 2 行　由于小括号里的表达式要最先计算，因此计算结果为 9。

第 3 行　定义了 3 个整型变量 a,b,c。

第 4 行　由于赋值运算符具有右结合性，因此从右开始计算，这样 a，b，c 均赋值为 2，且整个表达式的值也为 2。

按 Ctrl+Enter 组合键测试代码效果。

▶▶ 3.3　本章小结

本章中主要学习了以下内容。

- 变量实质上就是一个在内存中存储数据的容器。
- 定义变量的时候，最关键的三要素为：变量名、数据类型和初始值。
- 定义变量采用 var 关键字。
- 可以使用赋值"="将值赋值给变量，变量原先的值会被删除掉，再替换新值。
- 变量的命名有一定的规则和规范。
- 常量是一种特殊的变量，需要一开始赋值，且之后不可重新指定值。
- 数据类型将数据分门别类，每种数据类型有取值范围和对应的操作。
- 运算符用来指示运算的方法。
- 表达式是由运算符和运算数组合而成。
- 常用运算符有算术运算符、赋值运算符、比较运算符和逻辑运算符。
- 在进行复合运算时，要根据 ActionScript 3.0 默认的运算符优先级进行运算，除非通过小括号来改变优先顺序。

常用英语单词含义如下表所示。

英　　文	中　　文
const	常量
false	假的，错的
trace	跟踪
true	真的，正确的
var	variable 单词的首部，ActionScript 3.0 中定义变量的关键字

课 ｜ 后 ｜ 练 ｜ 习

一、问答题

1. 什么是变量的数据类型，为什么定义变量时需要指明数据类型？

2. 在声明变量时所使用的是哪一个关键字？

3. 各种基本数据类型的变量默认值是什么？

二、判断题

1. 变量先定义，后使用。（　　　）

2. 在声明变量的时候，必须同时进行初始化。（　　　）

3. 定义常量后，可以在程序中其他地方更改常量值。（　　　）

三、选择题

1. 下面叙述的变量命名方式不正确的是（　　　）。

A. 变量命名区分大小写　　　　　　B. 不能使用关键字命名变量

C. 可以只使用数字命名变量　　　　D. 变量命名需要使用 var 关键字

2. 下面叙述不正确的是（　　　）。

A. 在 ActionScript 3.0 中乘法运算符是"×"

B. 在 ActionScript 3.0 中除法运算符是"/"

C. 在 ActionScript 3.0 中取模运算符是"%"

D. 在 ActionScript 3.0 中逻辑与运算符是"&&"

3. 下面叙述不正确的是（　　　）。

A. 在 ActionScript 3.0 中字符串既可以用双引号（""），也可以用单引号（''）

B. 在 ActionScript 3.0 中布尔类型只有 true（真）和 false（假）两种值

C. 在 ActionScript 3.0 中"+"运算符只能进行算术加法运算

D. 在 ActionScript 3.0 中小括号"（）"可以改变表达式中运算符的优先级

四、实操题

1. 编写程序求算术表达式 a+b%5＊（int）（x+y）／2 的值，其中 a＝3，b＝15，x＝3.5，y＝12.8。

2. 请编写表示以下条件的条件表达式：

（1）整型变量 i 小于 20；

（2）整型变量 i 小于 20 并且大于 10；

3. 通过程序验证各种不同数据类型的默认值。

第4章 控制影片剪辑

复习要点：

变量的含义
变量的声明
变量的初始化
变量的命名规则
基本数据类型

要掌握的知识点：

事件的含义
事件处理的三要素
事件处理的两步骤
时间轴播放命令
影片剪辑的属性

能实现的功能：

事件处理
控制时间轴播放
读取影片剪辑的属性
修改影片剪辑的属性

▶▶ 4.1 事件处理

事件处理这种机制并不陌生，常常发生在日常生活中。例如，如果工作累了，就去休息；如果电话铃声响了，就去接听等。像如果工作累了、电话铃声响了等这类能引起处理行动的时机，称之为事件，也就是说，事件就代表着某些操作被触发的时机。而根据事件来进行处理的做法，则称为事件处理。

其实 ActionScript 3.0 也是采取这样的机制进行事件处理。事件处理在 ActionScript 3.0 中占据重要的地位，可以说，只有掌握好事件处理，在写 ActionScript 3.0 代码的时候才能做到得心应手。

▶▶▶ 4.1.1　何谓事件

ActionScript 3.0 程序可以说都是通过事件来驱动的，那么 Flash ActionScript 3.0 中的事件是什么样的，它与日常生活中的事件有何不同呢？

 学一学

在 ActionScript 3.0 中有各种各样的事件，有些与人机交互有关，例如单击、双击鼠标等鼠标事件，按下、松开按键等键盘事件，这些事件需要人机交互才能触发。有些事件则是系统自身触发的，例如，外部资料加载完毕、网络异常、播放头进入帧等。

Flash ActionScript 3.0 中的事件，如同日常生活中一样，就是发生的事件，但是它是能够被 Flash ActionScript 3.0 识别并可被响应的事件。

那么 Flash 如何做到所发生的事件能被 ActionScript 3.0 识别和响应呢？答案就是 Flash 中的事件是由系统事先预设好的，即 Flash 预先将各式各样的事件进行分门别类。例如，和鼠标操作相关的事件统一归纳为 MouseEvent 类别，和键盘操作相关的事件统一归纳为 KeyboardEvent 类别等。同时，为了区分同一类别下不同的具体事件，Flash ActionScript 3.0 还特意为每个事件命名以供识别。事件名一般由字符串表示，例如，"click" 代表鼠标单击事件，"mouseDown" 代表鼠标按下事件。

在实际编写程序时事件名称一般不直接使用字符串，而是使用事件类的静态属性。例如，专门处理鼠标事件的 MouseEvent 类具有很多的静态属性，可用来表示鼠标事件名称。使用事件常量（例如 MouseEvent. MOUSE_DOWN，这些常量一般情况是只读的，不能改变，并且规定是大写），而不是用常量字符串（例如 "mouseDown"），主要是因为 Flash ActionScript 3.0 编辑器提供了代码自动提示和完成功能，这样可以避免因手动输入事件名而出现的拼写错误。例如，鼠标按下事件可以使用字符串 "mouseDown"，但强烈建议写成事件常量 MouseEvent. MOUSE_DOWN。

常用的鼠标事件名称如表 4-1 所示。

表 4-1　常用的鼠标事件名称列表

事件名称	说　　明
MouseEvent. CLICK	等同 click 事件名，发生于单击鼠标动作时
MouseEvent. MOUSE_DOWN	等同 mouseDown 事件名，发生于按下鼠标动作时
MouseEvent. MOUSE_UP	等同 mouseUp 事件名，发生于松开鼠标动作时
MouseEvent. MOUSE_MOVE	等同 mouseMove 事件名，发生于鼠标移动动作时
MouseEvent. MOUSE_OVER	等同 mouseOver 事件名，发生于鼠标移入显示对象动作时
MouseEvent. MOUSE_OUT	等同 mouseOut 事件名，发生于鼠标移出显示对象动作时
MouseEvent. MOUSE_WHEEL	等同 mouseWheel 事件名，发生于鼠标滚轮滚动动作时
MouseEvent. DOUBLE_CLICK	等同 doubleClick 事件名，发生于鼠标双击动作时

事件名称	说　　明
MouseEvent. ROLL_OUT	等同 rollOut 事件名，发生于鼠标滑出显示对象动作时
MouseEvent. ROLL_OVER	等同 rollOver 事件名，发生于鼠标滑入显示对象动作时

其他的事件类，类似鼠标事件类，用静态常量属性来表示其下的事件名。

▶▶▶ 4.1.2　事件处理模式

在 Flash ActionScript 3.0 中，当发生一个事件时，可能会有多个内置事件也将随同产生，例如当鼠标单击事件（MouseEvent. CLICK）触发时，将会导致鼠标按下事件（MouseEvent. MOUSE_DOWN）和鼠标弹起事件（MouseEvent. MOUSE_UP）等事件也随同产生。但如果只关心并响应处理单击事件 MouseEvent. CLICK，而不必响应 MouseEvent. MOUSE_DOWN 和 MouseEvent. MOUSE_UP 等事件，该怎么处理呢？

非常庆幸的是，ActionScript 3.0 可以主动选择对某些特定事件进行侦听与响应处理，即事件处理模式。

 学一学

Flash ActionScript 3.0 处理事件有三大要素，即事件发送者、事件对象和事件接收者。

事件发送者负责发送事件，例如，当单击鼠标按钮时，按钮就是事件发送者。事件发送者可以是影片剪辑、按钮和舞台等。

事件对象是在事件发生时由系统自动产生的，它记录了事件类型、事件发送者等有关此次事件的详细信息，供事件接收者读取，以便可以做出针对性的处理。

事件接收者负责接收和处理事件，在 Flash ActionScript 3.0 中，接收者实质上就是一个函数，它接收事件对象并可以读取事件对象的属性，对事件进行响应处理。

那么如何进行事件处理呢？Flash ActionScript 3.0 处理事件有以下两个步骤。

步骤一　为事件发送者注册事件侦听器，即调用 addEventListener( )函数指定事件接收者侦听某个特定事件，这样就把事件发送者、事件对象和事件接收者三者联系起来，语法如下所示：

事件发送者 . addEventListener(事件对象名,事件接收者);

这样事件发送者发送事件接收者所侦听的事件时，事件接收者就能自动接收到。addEventListener 堪称是将事件发送者与事件接收者建立关联的桥梁。

步骤二　定义事件处理函数，也就是当事件发生时，所要做出的响应处理。其实，在 Flash ActionScript 3.0 中，事件接收者扮演双重角色，既要接收事件，还要负责对事件进行处理，它实质上是一个函数。事件处理函数的语法格式如下：

function 事件接收者(事件对象名:事件类型){

　　要处理的动作

}

首先以 function 关键字开头，表示要建立函数，接着为函数取好名称，这个名称就是事件接收者的名称。

事件对象名就是接收事件对象用的变量，需要依照此次事件的事件类型来声明，例如，事件对象为 MouseEvent. CLICK，则需要将事件对象名声明为 MouseEvent 类型，而事件对象为 KeyboardEvent. KEY_DOWN，则需将事件对象名声明为 KeyboardEvent 类型。

而实际要处理的动作则写在"｛"与"｝"符号之间。

由于事件接收者是一个函数，为了更加形象，统一将事件接收者称为事件处理函数。因此，一个事件处理的完整语法如下：

事件发送者 . addEventListener(事件类型.事件名称,事件处理函数名称)

```
function 事件处理函数名称(事件对象名 : 事件类型): void{
    //事件处理代码
}
```

这个语法跟之前的语法不一样，大家可能会觉得有点困难。所以换个角度将它视为公式语法并且记起来，应该就容易多了！

具体说来，在 Flash 中事件处理过程如下。

（1）通过 addEventListener( )函数声明注册事件处理函数来侦听事件。

（2）当相关事件发生后，系统就会把这个事件发生的相关信息，例如事件类型、事件名称、事件目标对象等封装成事件对象广播分发出去。

（3）系统会自动调用事先注册的事件处理函数来处理事件，并把事件对象传给事件处理函数。

用一用

案例 4-1：在舞台上任意位置单击，输出"舞台被单击了……"字样。

【程序代码】

```
1    stage.addEventListener(MouseEvent.CLICK, clickHandler);
2    function clickHandler(e:MouseEvent):void{
3        trace("舞台被单击了……");
4    }
```

【代码说明】

第 1 行　为舞台（stage 为关键字，表示 Flash 舞台）注册鼠标单击事件侦听器，且事件处理函数名字为 clickHandler。这样当在舞台上任意位置单击鼠标时，都会触发 MouseEvent. CLICK 事件，且会被事件处理函数 clickHandler( )响应和处理。

第 2~4 行　定义了事件处理函数 clickHandler( )，该函数会在鼠标单击舞台时自动触发执行。这里我们只是输出"舞台被单击了……"来进行响应处理。

使用 addEventListener( )方法注册事件侦听器，如果想要解除侦听，就需要使用 remove EventListener( )方法。解除侦听的时候，也要使用与注册时相同的函数参数。也就是要正确地指定想解除的侦听是谁负责的，发生某项事件时该执行的相关工作。

例如，希望上例中的按钮被按过一次后，就不会再有任何反应，即不再输出"舞台被单击了……"字样。

这里，只需要在事件处理函数中加上 removeEventListener( )方法，解除事件处理函数 clickHandler( )对舞台上 MouseEvent. CLICK 的侦听，代码如下所示：

```
1    stage.addEventListener(MouseEvent.CLICK, clickHandler);
2    function clickHandler(e:MouseEvent):void{
3        trace("舞台被单击了……");
4        stage.removeEventListener(MouseEvent.CLICK, clickHandler);
5    }
```

执行这段代码，发现该按钮单击一次后，就不会再有任何反应，因为我们在响应执行一次单击处理后就解除了事件处理函数 clickHandler( )对舞台上 MouseEvent. CLICK 的侦听，即忽略和不再响应舞台上的鼠标单击事件了，clickHandler( )函数也就无法被执行了。

通过此案例，我们知道 Flash 中处理事件要遵循的规则就是下面的公式而已：

事件目标对象.addEventListener(事件类型.事件名称,事件处理函数名称)

function 事件处理函数名称(事件对象：事件类型)：void{
    //事件处理代码
}

只需要记住这个公式就可以套用了。

如果觉得上述说明还不够清楚的话，也不用太过担心。在经过几次练习后，就会逐渐理解了，不用多久，书写事件处理程序的整个过程就会变得像条件反射一样自然了。熟悉事件侦听器和事件处理函数的使用方法是学习 Flash ActionScript 3.0 非常重要的内容，在后面学习程序设计的过程中，大多数是按照这种方式来编写代码。所以，弄清事件处理的机制，是能够善用 ActionScript 3.0 来创建各种互动性功能的关键所在。

当某一事件发生时，若程序中没有注册相应的事件侦听器，则该事件将被忽略，不会被处理。

▶▶▶ 4.1.3 事件对象

ActionScript 3.0 中一旦发生相关事件，系统就会像发短信一样发出事件信息（以事件对象的形式），即使事件处理函数不会用到该事件对象，它也一定会将事件对象传给事件处理函数。

事件对象的内容相当复杂，不过其中确实包含了许多有用的信息，在事件处理中会经常用到。

学一学

事件对象包含了被分发事件的相关数据，以属性的形式进行存储。所有事件对象都有标准的属性和被大多数类使用的常量，这些属性可以被事件侦听器（事件处理函数）访问。表 4-2 列出了事件对象常用的标准属性。

表 4-2　事件对象常用的标准属性

属　　　性	说　　　明
bubbles	布尔值，设定事件是否为冒泡事件
cancelable	布尔值，设定是否可以阻止与事件相关联的行为
currentTarget	当前正在使用某个事件侦听器处理事件对象的对象
phase	事件流中的当前阶段
target	事件目标，即事件发送者
type	分发事件的类型

这里集中讲解事件对象最常用和最基础的 target 和 type 属性。

事件对象的 target 属性表明事件是在何处发生的，例如，若所发生的事件是按下按钮的话，target 属性里存储的内容就是该按钮对象本身。

事件对象的 type 属性表明发生了什么样的事件，例如，若发生的事件是按下按钮的话，type 属性里存储的内容就是 "click" 这个字符串。

用一用

案例 4-2：单击舞台上实例名为"test_btn"的按钮，显示单击事件的发送者和事件类型。

【程序代码】

```
1    test_btn. addEventListener(MouseEvent. CLICK, clickHandler);
2    function clickHandler (e:MouseEvent):void{
3        trace(e. target. name);
4        trace(e. type);
5    }
```

【代码说明】

第 1 行　为 test_btn 的按钮注册鼠标单击事件侦听器，当该按钮被鼠标单击时，事件处理函数 clickHandler( ) 负责响应和处理。需要特别交代的是，如果想用代码控制场景中的按钮、影片剪辑或其他对象，就必须一一为它们赋予实例名称，这是一项非常重要的步骤。因为有了名字，计算机才会知道程序代码要操作哪一个实例对象。为舞台上的实例取名非常简单，点选该实例，在其属性面板上的实例名栏中输入实例的名称即可。若未出现属性面板，可以通过"窗口"｜"属性"，或者使用组合键 Ctrl+F3 打开属性面板。对于 Flash ActionS-

47

cript 3.0 新手来说，最常见的错误多半会是忘记给要控制的实例对象设置实例名称。如果代码不能正常工作，请首先检查实例名称，强烈建议养成检查实例名称的习惯。

第 2 行　定义了事件处理函数 clickHandler( )，并指定 MouseEvent 类型的变量 e 接收系统传送过来的事件对象，该函数会在鼠标单击舞台时自动触发执行。

第 3 行　输出事件发送者的名字，e.target 实际上指向的是事件发送者对象 test_btn 按钮，而按钮的 name 属性则输出按钮的名字"test_btn"。

第 4 行　输出所触发事件的事件类型，即 e.type 实际指向的事件类型，由于是鼠标单击事件，因此输出的是"click"。

按 Ctrl+Enter 组合键测试代码效果。

在命名实例名称时可以使用数字加英文，但是不可以单独使用数字。此外，也不能使用关键字，如你不能将实例命名为 var。大小写被视为不一样的名称，所以 Ball 与 ball 这两者会被看作两个不相同的实例。此外，在同一个舞台里，实例的名称不可以重复出现，否则会造成程序错误。

▶▶▶ 4.1.4　键盘事件

在 Flash 中，鼠标和键盘都是你与之交互的常用工具，因此，ActionScript 3.0 除了可以响应鼠标事件之外，还可以响应键盘事件。

 学一学

侦听键盘事件的步骤与侦听鼠标事件类似，几乎如出一辙。主要有以下两个步骤。

（1）侦听舞台，并指定键盘事件处理函数，即

stage.addEventListener(键盘事件 KeyboardEvent 名称,键盘事件处理函数名称);

（2）自定义键盘事件处理函数

function 键盘事件处理函数名称(KeyboardEvent 对象:KeyboardEvent):void{

　　//处理键盘事件代码

}

ActionScript 3.0 可以响应两种简单的键盘事件：KeyboardEvent.KEY_DOWN（键按下）和 KeyboardEvent.KEY_UP（键弹起）。在 ActionScript 3.0 中的键盘事件使用中以直接使用 stage 来作为侦听对象为宜，这主要是因为在按下键盘或松开键盘时，不需要像鼠标那样有具体的事件作用对象，这时候让舞台加入事件侦听是个不错的选择。

一旦发生键盘事件，Flash 就会将按下什么键的信息封装在 KeyboardEvent 事件对象中，然后传递出去等待侦听器接收并处理。

在 ActionScript 3.0 中，与键盘相关的操作事件都属于 KeyboardEvent 类，Flash Player 会传送 KeyboardEvent 对象来回应使用者的键盘输入。KeyboardEvent 类常用属性、方法和事件如表 4-3 所示。

表 4-3　KeyboardEvent 类常用属性、方法和事件

方法、属性和事件	说　　明
KeyboardEvent. KEY_DOWN 事件	当按下任一按键时，若按着键不放将会被连续触发
KeyboardEvent. KEY_UP 事件	当放开任一按键时，将会被触发
charCode 属性	ASCII 码的十进制表示法，可表示大小写字母
keyCode 属性	键盘码值，特殊按键，如方向键等需要以 keyCode 表示
ctrlKey 属性	是否按住 Ctrl 键
altKey 属性	是否按住 Alt 键
shiftKey 属性	是否按住 Shift 键
updateAfterEvent( ) 方法	指示 Flash Player 在此事件处理完毕后重新渲染场景

要确定是哪一个键被按下或弹起，就要获取按键的编码，KeyboardEvent 定义了两个属性用于取得按键编码。一个是 keyCode 属性，用于返回用户按下的键；另一个是属性 charCode，它包含被按下或释放的键的字符代码值。可以通过 keyCode 和 charCode 属性找到什么键被按下。

charCode 属性用来获取按键的 ASCII 码值。ASCII 码是目前计算机中用得最广泛的字符集及其编码，它是一项国际标准。该标准规定每个字符都对应一个 ASCII 码，如空格对应的 ASCII 码值是 32，大写 "A" 对应的 ASCII 码值是 65，而小写 "a" 对应的 ASCII 码值则是 97。实际上，只有字母、数字，以及标点符号、空格才有 ASCII 码值，方向键、功能键、文档键不存在 ASCII 码值。

而 keyCode 属性是一个代表键盘上某个键的数值。如键盘上大写 "A" 和小写 "a" 的键控代码都是 65，但 charCode 得到的是两个不同的值。也就是说，charCode 是区分大小写的，而 keyCode 是不区分大小写的。这就是它们的区别。

一般而言，若为字母按键，可由 charCode 取得其 ASCII 码值，表示大小写字母；若为方向键或控制键等，可由 keyCode 代码来表示这些键的键盘代码。非常庆幸的是，你不用知道也不必去记住键控代码代表哪个键。Keyboard 类包含了一些使用起来非常方便的常量来表示键控代码，如空格键的写法为 Keyboard. SPACE，以下整理 Keyboard 类常用的常量及其代码，如表4-4所示。

表 4-4　Keyboard 类常用的常量

分组	常　　量	Code 值	说　　明
方向键	Keyboard. LEFT	37	方向键通常用来移动对象
	Keyboard. UP	38	
	Keyboard. RIGHT	39	
	Keyboard. DOWN	40	
功能键	Keyboard. SHIFT	16	表示 Shift 键
	Keyboard. CONTROL	17	表示 Ctrl 键
	Keyboard. CAPSLOCK	20	大小写切换
	Keyboard. ESCAPE	27	退格键的按键码值
文档键	Keyboard. PAGE_UP	33	这些键为文本字段导航文本页及多个行
	Keyboard. PAGE_DOWN	34	
	Keyboard. END	35	
	Keyboard. HOME	36	
	Keyboard. INSERT	45	
	Keyboard. DELETE	46	
空格键	Keyboard. BACKSPACE	8	退格键的按键码值
	Keyboard. TAB	9	Tab 键的按键码值
	Keyboard. ENTER	13	Enter 键可以用来"发送"或"提交"动作
	Keyboard. SPACE	32	空格键的按键码值

下面的代码检测是否按下方向键中的右键，对其他的键按下与否没有反应。

```
stage. addEventListener(KeyboardEvent. KEY_DOWN,downHandler);

function downHandler(e:KeyboardEvent):void{
    if(e. keyCode = = Keyboard. RIGHT){
            trace("按下了右方向键");
    }
}
```

检测字母或数字通常采用读取 charCode 属性值的方法。下面的代码用于检测按下的键是否为大写的"A"。

```
stage. addEventListener(KeyboardEvent. KEY_DOWN,downHandler);

function downHandler(e:KeyboardEvent):void {
    if (e. charCode == 65) {
```

```
            trace("按下了按键 A ");
        }
    }
```

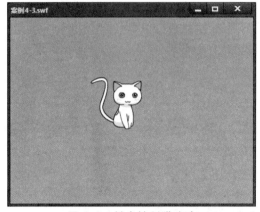

用一用

案例 4-3：键盘控制猫移动。

【案例分析】

通过上下左右四个方向键控制舞台上猫的移动，产生猫移动的互动效果。案例运行效果如图 4-1 所示。

图 4-1　键盘控制猫移动

首先需要制作一个猫影片剪辑，将其放入舞台，并将实例命名为"cat_mc"。接着注册按下舞台的键盘事件侦听器，当键盘被按下时，按照键盘事件对象的 keyCode 属性值决定猫移动方向，若为上下左右四个方向键，则设定效果分别向上、向下、向左、向右移动 5 个像素。

【程序代码】

```
1    stage.addEventListener(KeyboardEvent.KEY_DOWN,downHandler);
2
3    function downHandler(e:KeyboardEvent):void {
4        switch (e.keyCode) {
5            case Keyboard.LEFT :
6                cat_mc.x- = 5;
7                break;
8            case Keyboard.RIGHT :
9                cat_mc.x+ = 5;
10               break;
11           case Keyboard.UP :
12               cat _mc.y- = 5;
```

```
13                      break;
14            case Keyboard.DOWN :
15                      cat_mc.y+ = 5;
16                      break;
17          }
18    }
```

【代码说明】

第 1 行　为舞台注册键盘按下事件侦听器。

第 3 行　定义键盘按下事件处理函数 downHandler( ) 负责响应和处理。

第 4~17 行　根据键盘事件对象的 keyCode 属性值判断是否按下的是上下左右四个方向键，并分别对猫影片剪辑实例做位移处理。这里涉及的 switch 语句将在第 5 章详细介绍。

按 Ctrl+Enter 组合键测试代码效果。

键盘事件的处理与鼠标事件的处理有所不同。在鼠标事件的处理中，可直接将事件侦听器应用于事件目标对象。但对于键盘事件的处理而言，可将侦听器应用到整个舞台，即 stage 对象。

▶▶ 4.2　控制影片剪辑

影片剪辑可以说是 Flash ActionScript 3.0 中最核心的应用，也是 Flash ActionScript 3.0 的重要编程控制对象。Flash 中的交互、绘画、特效等都可以用影片剪辑来执行。因此，必须掌握通过 Flash ActionScript 3.0 来控制影片剪辑。

▶▶▶ 4.2.1　控制影片剪辑的播放

和其他编程开发工具相比，Flash 有一点比较特殊，就是有所谓的时间轴的概念。时间轴提供了许多便利，利用它可以非常方便地制作动画进行播放。默认情况下，时间轴上的播放头会从第 1 帧播放到最后一帧，然后再回到第 1 帧重复播放。有时候需要选择播放时间轴上的某部分、让它停在某帧或者只是播放某个影片剪辑等，这时就需要通过代码对时间轴和影片剪辑的播放进行控制，构成所谓的非线性播放机制。

 学一学

如果没有特别加入 ActionScript 3.0 代码指令，Flash 影片默认是从第 1 帧开始播放到最后一帧，然后反复不断播放。不过，如果希望能够以人为方式来控制停止或播放 Flash 影片，就必须学会使用控制影片剪辑播放的指令。可以在 Flash 时间轴上的任意关键帧上写入这些控制指令，也可以把控制指令写在影片剪辑的任意关键帧上。当播放头播放到该帧的时候，就会执行关键帧内所写入的代码指令。例如，当在关键帧上下了 stop( ) 指令后，播放头一旦读取到该指令，就会暂停在这个关键帧上，不会往下播。

Flash ActionScript 3.0 中有很多指令用来控制主场景时间轴，或是指定的影片剪辑内部的时间轴，如表 4-5 所示。

表 4-5 时间轴控制指令

名　　称	参数及功能
play( )	播放头从现在的帧开始播放
stop( )	播放头停止播放并停在现在的帧上
gotoAndPlay（帧编号或帧标签 ［，场景名称］）	播放头跳转到指定的帧编号或帧标签并开始播放。如果未指定场景，则默认为当前场景
gotoAndStop（帧编号或帧标签 ［，场景名称］）	播放头跳转到指定的帧编号或帧标签并停止播放。如果未指定场景，则默认为当前场景
nextFrame( )	播放头跳转到下一帧并停止，若当前帧为最后一帧，则播放头不移动
prevFrame( )	播放头跳转到前一帧并停止。如果当前帧为第 1 帧，则播放头不移动
nextScene( )	将播放头跳转到下一场景的第 1 帧
prevScene( )	将播放头跳转到上一场景的第 1 帧

例如，若要让停止的影片开始播放的话，就用 play( ) 这个指令。例如：

play();//播放当前场景的时间轴
a_mc. play();//播放 a_mc 影片剪辑内部的时间轴

需要注意的是，这个指令是用来让播放头从现在所处的帧开始播放，即将时间轴上的播放头往右移动。

若要让正在播放的影片停止播放的话，就用 stop( ) 这个指令。例如：

stop();//停止播放当前场景的时间轴
a_mc. stop();//停止播放 a_mc 影片剪辑内部的时间轴

需要注意的是，这个指令只会停止时间轴的播放，但并不会停止程序编译的执行。例如某个帧上有如下两行代码：

stop();
trace("我会被执行的……");

当播放头执行到此帧的时候，首先会执行第 1 行的 stop( ) 指令，接着执行第 2 行代码 trace（"我会被执行的……"），因此还是会输出"我会被执行的……"这段文字，并不会因为 stop 指令而停止执行后面的程序代码。

若要让影片跳转到其他帧上的话，就用 gotoAndPlay( ) 或 gotoAndStop( ) 指令，而要跳到的目标帧一般可以用帧编号或者帧标签来指定。需要注意的是，这两个指令虽然都是用来让播放头跳到指定的帧上，但两者是有一定差别的。

gotoAndPlay( )指令让播放头跳到指定帧并继续播放右边的帧。例如：

gotoAndPlay(10);// 将播放头移到第 10 帧上并继续播放

gotoAndPlay(10,"gameScene");//将播放头移到 gameScene 场景的第 10 帧上并继续播放

gotoAndStop ( ) 指令是让播放头跳到指定帧上后停止播放。例如：

gotoAndStop (50);// 将播放头移到第 50 帧上并停止播放

gotoAndStop (50,"gameScene");//将播放头移到 gameScene 场景的第 50 帧上并停止播放

其实，gotoAndPlay( )和 gotoAndStop( )指令要跳到的目标帧也可以用帧标签来指定。所谓帧标签，就是另外为帧取一个标签名称。犹如人除了拥有身份证号码之外，还都取有一个名字。例如：

gotoAndPlay("gameStart");//将播放头移到帧标签为"gameStart"的帧上并继续播放

// 将播放头移到 gameScene 场景中且帧标签为"gameStart"的帧上并继续播放

gotoAndPlay("gameStart","gameScene");

gotoAndStop ("gameOver");//将播放头移到帧标签为"gameOver"的帧上并停止播放

gotoAndPlay ("gameOver","gameScene");

// 将播放头移到 gameScene 场景中且帧标签为"gameOver"的帧上并继续播放

可以在任何关键帧上建立帧标签名称。帧标签是一个非常好用的工具，用来协助辨别特定的关键帧位置。在撰写 goto 指令的时候，应尽量使用帧标签，因为在编辑 Flash 文件的时候，有可能会因为加入其他动画而导致时间轴上的帧编号改变。如果是指定跳到帧编号，就需要修改大量的程序代码；而指定跳到帧标签，则不用修改代码，因为帧的标签未改变。所以涉及帧跳转的时候，指定跳转到帧标签，是比较好的做法。

为时间轴上的帧设定帧标签的步骤如下。

（1）选择需要建立识别名称的关键帧。

（2）在属性面板的帧文本框中输入名称。

（3）在标签类型文本框中将标签类型属性指定为名称。

在时间轴上具有识别名称的关键帧上会出现小红旗，在小红旗右方出现的文字即为该帧的帧标签。

需要注意的是，Flash 的主时间轴，以及显示在舞台上的其他影片剪辑，分别拥有各自独立的时间轴。

如果将控制指令写在舞台上的影片剪辑时间轴里，那么控制指令只会在该影片剪辑里执行，无法影响到主时间轴。举例来说，若在影片剪辑的时间轴里写上 stop( )指令，则该影片剪辑会停止，但主时间轴仍然会继续向前播放。

相反地，如果将控制指令写在主时间轴上，则该指令只会在主时间轴里执行，就算舞台里有其他影片剪辑，也无法影响到其他影片剪辑的时间轴。例如，在主时间轴里撰写stop( )指令，则主时间轴将停止播放，但舞台上其他影片剪辑将不受影响而继续播放它们的时间轴，除非指定特定的影片剪辑来执行指令（该内容稍后介绍）。

用一用

案例 4-4： 通过播放、停止、重播、复位按钮来控制时间轴的播放。

【案例分析】

本案例在主时间轴上制作了一段 200 帧长的吃豆子的卡通动画，并通过播放、停止、重播和复位四个按钮来实现控制播放的功能。效果如图 4-2 所示。

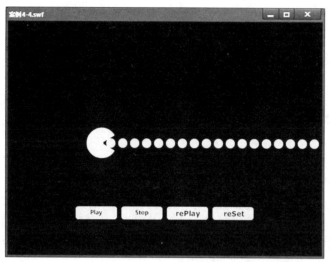

图 4-2　吃豆子动画

为了通过四个按钮来控制播放，首先需为它们命名（注意这里是实例名称，而不是库中的元件名称），这里分别将 play 按钮、stop 按钮、rePlay 按钮和 reSet 按钮命名为 "play_btn"、"stop_btn"、"rePlay_btn" 和 "reSet_btn"。接着需要为它们分别注册鼠标单击事件侦听器和定义事件处理函数，利用 stop（）、play（）、gotoAndPlay（）、gotoAndStop（）等命令进行相应处理。

【程序代码】

```
1    play_btn. addEventListener(MouseEvent. CLICK, playHandler);
2    function playHandler(e:MouseEvent):void{
3        play();
4    }
5
6    stop_btn. addEventListener(MouseEvent. CLICK, stopHandler);
7    function stopHandler(e:MouseEvent):void{
8        stop();
9    }
10
11   rePlay_btn. addEventListener(MouseEvent. CLICK, rePlayHandler);
12   function rePlayHandler(e:MouseEvent):void{
```

```
13        gotoAndPlay(1);
14    }
15
16    reSet_btn. addEventListener(MouseEvent. CLICK, reSetHandler);
17    function reSetHandler(e:MouseEvent):void{
18        gotoAndStop(1);
19    }
```

【代码说明】

第 1 行　为实例名是"play_btn"的按钮注册鼠标单击事件侦听器，当其被鼠标单击时，事件处理函数 playHandler( )负责响应和处理。

第 2~4 行　定义了事件处理函数 playHandler( )，该函数会在鼠标单击 play_btn 按钮时负责响应和处理。该函数内 play( )指令用于实现播放头从当前位置开始播放，从而实现播放功能。

第 6 行　为实例名是"stop_btn"的按钮注册鼠标单击事件侦听器，当其被鼠标单击时，事件处理函数 stopHandler( )负责响应和处理。

第 7~9 行　定义了事件处理函数 stopHandler( )，该函数会在鼠标单击 stop_btn 按钮时负责响应和处理。该函数内 stop( )指令用于实现播放头暂停播放并停止在当前帧上。

第 11 行　为实例名是"rePlay_btn"的按钮注册事件侦听器，当其被鼠标单击时，事件处理函数rePlayHandler负责响应和处理。

第 12~14 行　定义了事件处理函数 rePlayHandler( )，该函数会在鼠标单击 rePlay_btn 按钮时负责响应和处理。该函数内 gotoAndPlay(1)指令用于实现播放头从当前位置跳转到第 1 帧并播放。

第 16 行　为实例名是"reSet_btn"的按钮注册鼠标单击事件侦听器，当其被鼠标单击时，事件处理函数reSetHandler( )负责响应和处理。

第 17~19 行　定义了事件处理函数 reSetHandler( )，该函数会在鼠标单击 reSet_btn 按钮时负责响应和处理。该函数内 gotoAndStop(1)指令用于实现播放头从当前位置跳转到第 1 帧并停止。

按 Ctrl+Enter 组合键测试代码效果。

案例 4-5：电子相册。

【案例分析】

本案例实现电子相册的功能，效果如图 4-3 所示。

要实现电子相册前后翻看的效果，首先，需要制作一个影片剪辑元件，将需要展示的照片依次放入其中的帧上，然后将该元件放入舞台，这里将其实例名命名为"image_mc"。其次，需要在舞台上放置两个按钮，单击它们分别用来向前翻看和向后翻看，这里将其实例名分别命名为"prev_btn"和"next_btn"，最后，需要为按钮注册鼠标单击事件侦听器和编写事件处理函数，并利用 prevFrame( )和 nextFrame( )等命令进行相应处理。

图 4-3 电子相册

【程序代码】

```
1    image_mc.stop();
2
3    prev_btn.addEventListener(MouseEvent.CLICK, prevHandler);
4    function prevHandler(e:MouseEvent):void{
5        image_mc.prevFrame();
6    }
7
8    next_btn.addEventListener(MouseEvent.CLICK, nextHandler);
9    function nextHandler(e:MouseEvent):void{
10       image_mc.nextFrame();
11   }
```

【代码说明】

第 1 行 让舞台上实例名为"image_mc"的影片剪辑停止播放。特别要注意的是，Flash ActionScript 3.0 脚本代码只能添加到影片主时间轴上的任意一个关键帧以及影片剪辑元件里的任意一个关键帧（单独编写 as 文件除外）。当播放头播放到某一帧时，如果其中包含代码，这些代码就会被执行。

第 3 行 为向前翻看按钮 prev_btn 注册鼠标单击事件侦听器，当此事件发生时，prevHandler（）函数负责响应和处理。

第 4~6 行 定义了 prevHandler（）函数，专门用来处理向前翻看按钮 prev_btn 被单击事件。就是通过 prevFrame（）指令让舞台上实例名为"image _mc"的影片剪辑播放上一帧并停止。

第 8 行 为向后翻看按钮 next_btn 注册鼠标单击事件侦听器，当此事件发生时，

nextHandler( )函数负责响应和处理。

第 9~11 行　定义了 nextHandler（）函数，专门用来处理播放按钮 next_btn 被单击事件。就是通过 nextFrame（）指令让舞台上实例名为 "image_mc" 的影片剪辑播放下一帧并停止。

按 Ctrl+Enter 组合键测试代码效果。

请务必记住，主时间轴与在舞台里的其他影片剪辑，分别拥有独立的运行时间（时间轴），并各自执行自己的关键帧上的代码！影片剪辑的时间轴不受主时间轴的播放头的影响而停止。

案例 4-6： 球类运动演示。

【案例分析】

本案例实现通过帧标签进行时间轴播放头的跳转，舞台上有 3 个按钮，实例名分别是 "football_btn"、"basketball_btn" 和 "tennis_btn"，单击任意一个按钮，主时间轴播放头就会跳转到对应的帧标签处进行播放。效果如图 4-4 所示。

图 4-4　演示球类运动

在主时间轴上分别制作了三段动画，从第 2 帧到第 30 帧，用于演示足球运动，第 31 帧到 52 帧，用于演示篮球运动，而第 53 帧到 85 帧演示网球运动。如果采用帧编号的方式进行跳转，则不利于修改动画。因为时间轴上帧数众多，插入或删除一段动画，甚至是一帧，每个帧的帧编号都会发生变化，导致跳转出错。为了避免修改代码，这里通过设置帧标签的方式进行跳转。

首先，需要在时间轴上的关键帧上添加标签，用来标记一些关键的位置。本案例中每段动画的开始位置无疑是关键位置，因此，在第 2 帧、第 31 帧和第 53 帧设置帧标签，并分别命名为"football"、"basketball"和"tennis_ball"。同时为了避免动画会自动从头播到尾，需要在第 1 帧和每段动画的最后一帧加上"stop( )"命令。整个时间轴如图 4-5 所示。

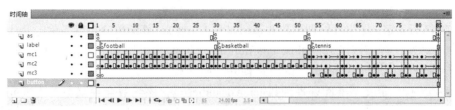

图 4-5　时间轴

为了通过三个按钮跳转到对应的帧标签位置，还需要在主时间轴的第 1 帧编写代码，用于侦听和响应单击事件，并实现跳转。

【程序代码】

```
1     stop();
2
3     football_btn.addEventListener(MouseEvent.CLICK, footballHandler);
4     basketball_btn.addEventListener(MouseEvent.CLICK, basketballHandler);
5     tennis_btn.addEventListener(MouseEvent.CLICK, tennisHandler);
6
7     function footballHandler(e:MouseEvent):void{
8         this.gotoAndPlay("football");
9     }
10
11    function basketballHandler(e:MouseEvent):void{
12        this.gotoAndPlay("basketball");
13    }
14
15    function tennisHandler(e:MouseEvent):void{
16        this. gotoAndPlay("tennis");
17    }
```

【代码说明】

第 1 行　stop( )命令控制主时间轴的播放头停止在第 1 帧。

第 3 行　为实例名是"football_btn"的按钮注册鼠标单击事件侦听器，当其被鼠标单击时，事件处理函数 footballHandler( )负责响应和处理。

第 4 行　为实例名是"basketball_btn"的按钮注册鼠标单击事件侦听器，当其被鼠标单击时，事件处理函数 basketballHandler( )负责响应和处理。

第 5 行　为实例名是"tennis_btn"的按钮注册鼠标单击事件侦听器，当其被鼠标单击时，事件处理函数 tennisHandler( )负责响应和处理。

第 7~9 行　定义了事件处理函数 footballHandler( )，该函数会在鼠标单击"football_btn"

按钮时自动触发执行。该函数内 this.gotoAndPlay("football")指令用于实现播放头从当前位置跳转到帧标签为"football"的所在帧并开始播放。需要说明的是,这里的 this 表示主时间轴。

第 11~13 行 定义了事件处理函数 basketballHandler(),该函数会在鼠标单击 basketball_btn 按钮时自动触发执行。该函数内 this.gotoAndPlay("basketball")指令用于实现播放头从当前位置跳转到帧标签为"basketball"的所在帧并开始播放。

第 15~17 行 定义了事件处理函数 tennisHandler(),该函数会在鼠标单击 tennis_btn 按钮时自动触发执行。该函数内 this.gotoAndPlay("tennis")指令用于实现播放头从当前位置跳转到帧标签为"tennis"的所在帧并开始播放。

按 Ctrl+Enter 组合键测试代码效果。

▶▶▶ 4.2.2 控制影片剪辑的属性

就像用身高、体重、肤色等属性来描述人的状态一样,每个影片剪辑也都具有表示自身状态的属性。查看影片剪辑属性的值,就能了解影片剪辑目前的状态。其实,影片剪辑的很多属性还是可以更改的。如果修改影片剪辑属性值的话,影片剪辑的状态也会跟着改变,利用这些可变属性可使得影片生动而丰富多彩。

 学一学

具体来说,影片剪辑具有 X、Y 坐标位置、高度、宽度、旋转角度、透明度等各种属性。虽然一些属性可以通过属性面板来设置,但是用程序动态来设置和获取影片剪辑的属性显得更为方便、高效和强大。表 4-6 列出了常用的影片剪辑属性。

表 4-6 常用影片剪辑属性列表

属性名称	属性含义	说 明
x y	中心点的 X 坐标 (像素单位) 中心点的 Y 坐标 (像素单位)	影片剪辑的 X,Y 坐标值,如果影片剪辑在主时间轴中,则其坐标系统将舞台的左上角作为原点(0,0)。影片剪辑的坐标指的是注册点的位置
scaleX scaleY	设置或取得横向缩放比例 设置或取得纵向缩放比例	影片剪辑注册点开始应用的该影片剪辑的水平和垂直缩放比例(percentage)。默认注册点坐标为(0,0),默认值为 1,即缩放比率为 100%
rotation	相对旋转角度(度单位)	以度为单位,表示注册点距其原始方向的旋转程度。从 0 到 180 度的值表示顺时针旋转。从 0 到 -180 度的值表示逆时针旋转。如果指定的数值超过此范围,则指定的数值会被加上或减去 360 度的倍数,以获得该范围之内的数值

续表

属性名称	属性含义	说　　明
width	相对显示宽度（像素单位）	影片剪辑的宽度（以像素为单位）
height	相对显示高度（像素单位）	影片剪辑的高度（以像素为单位）
alpha	透明度的取得与设定	影片剪辑的透明度值。有效值为 0（完全透明）到 1（完全不透明）。默认值为 1
name	实例名称	指定的影片剪辑的实例名称
visible	是否可见	一个布尔值，设置是否显示影片剪辑。visible 属性值设置为 false，影片剪辑处于禁用状态，该影片剪辑的 enabled 属性值同时也设置为 false，表示该影片剪辑既看不见也无法使用
currentFrame	获取目前所在帧	只读属性，通过 currentFrame 属性可以获取影片剪辑播放头所处帧的编号
totalFrames	全部的帧数	只读属性，通过 totalFrames 属性可以获取影片剪辑帧的总数
numChildren	影片剪辑中的子对象个数	只读属性，获取影片剪辑中子对象的个数
parent	父级容器或对象	指定或返回一个引用，该引用指向包含当前影片剪辑或对象的影片剪辑或对象
this	当前对象或实例	引用对象或影片剪辑实例
mouseX	返回鼠标位置的 X 坐标	只读属性，返回相对于此影片剪辑注册点的鼠标位置的 X 坐标
mouseY	返回鼠标位置的 Y 坐标	只读属性，返回相对于此影片剪辑注册点的鼠标位置的 Y 坐标
useHandCursor	设定是否显示手形指针	布尔值，设置当鼠标移过影片剪辑时是否显示手指形状的鼠标指针
buttonMode	设置是否具有按钮特性	布尔值，可将影片剪辑设置为按钮模式，让影片剪辑具有按钮的特性
mask	指定遮罩对象	设定影片剪辑的遮罩对象

想要指定某些非只读属性时，只要在影片剪辑名称后面加上"."符号，再接上属性名称就可以了。

影片剪辑名称 . 属性 = 值

例如，将影片剪辑实例 a_mc 的宽度和高度分别设为 100 和 200，然后旋转 180 度。

a_mc. width = 100;

a_mc. height = 200;

a_mc. rotation = 180;

除了可以设定属性值之外，还可以获取影片剪辑的属性值，并存入变量中。

变量 = 影片剪辑名称 . 属性

例如，将影片剪辑实例 a_mc 的位置属性值，存入变量 px 和 py。

var px:Number = a_mc. x;

var py:Number = a_mc. y;

利用一些基本的属性指令，可以轻易控制影片剪辑的外观样式，包括显示、隐藏、透明、大小、位置、旋转等。

A 用一用

案例 4-7：飞鸟。

【案例分析】

本案例模拟一只鸟在森林里从左向右飞过，效果如图 4-6 所示。

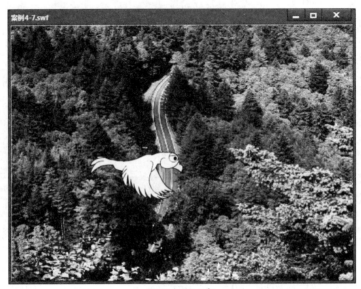

图 4-6 飞鸟

舞台上的飞鸟影片剪辑（实例名为 "bird_mc"）在森林上空从左向右飞过，意味着需要增加 bird_mc 的 X 坐标值。如果一次性地将 bird_mc 的 X 坐标值增加到舞台的边界，就将导致鸟一飞而过的情形，形成不了鸟自然向右逐渐飞过森林上空的动画。为此我们需要持续不断地增加 bird_mc 的 X 坐标属性值。

其实，根据人眼视觉停留特点，如果一个物体快速移动，达到一定的速度时，人眼就会看到拖尾现象，当画面持续以这样的速度移动，人眼看到的就是动画了。

因此，创建动画所需要做的就是以足够快的速度重复修改某个或多个属性，使得人在视觉上认为该对象在不断变化，电影就是以这个原理制作出来的。Flash 时间轴的默认帧速率是 12 fps，这已经足以欺骗人眼，因此创建以这个帧速率重复的代码是实现动画的一种简单方式。

Event. ENTER_FRAME 事件非常适合完成这种工作。ENTER_FRAME，顾名思义，就是进入帧事件，Flash 时间轴播放头每进入一帧时，都会触发此事件。

创建 ENTER_FRAME 事件侦听器和处理函数的过程与鼠标事件类似。

本案例将尝试使用 ENTER_FRAME 事件，不断修改 bird_mc 的 x 属性值以形成它在森林上空向右飞过的动画。

【程序代码】

```
1    this. addEventListener(Event.ENTER_FRAME,flyHandler);
2
3    function flyHandler(e:Event):void{
4        bird_mc.x += Math.random()* 5;
5        bird_mc.y += (Math.random()* 6- 3);
6    }
```

【代码说明】

第 1 行　为主时间轴注册 Event. ENTER_FRAME 进入帧事件侦听器，事件处理函数 flyHandler( )负责响应和处理。

第 3 行　开始定义 flyHandler 函数，每当主时间轴上播放头进入一帧时，都将导致 Event. ENTER_FRAME事件触发，继而事件处理函数 flyHandler( )将会被自动调用执行。

第 4 行　为 bird_mc 影片剪辑修改 X 坐标值，由于飞鸟要向右飞，因此 x 属性值需要不断增大，这里利用 Math. random( )函数每次为其增加一个 0～5 范围内的随机值，这样鸟将会非匀速飞行，显得更为自然。Math. random( )会返回 0～1 范围内的一个随机值，因此 Math. random( )＊5 将会返回 0～5 范围内的一个随机值。

第 5 行　为 bird_mc 影片剪辑修改 Y 坐标值，为了避免鸟在一条水平线上呆滞地飞行，让鸟在每次前进的时候在垂直方向上做小幅的上下摆动，这里每次为其增加一个-3 到 3 范围内的随机值。

按 Ctrl+Enter 组合键测试代码效果。

ENTER_FRAME 意思是 Flash 每运行一帧就触发一次事件。如果动画的帧频是24 帧/秒，每秒会触发 24 次 ENTER_FRAME 进入帧事件。如果启动了 ENTER_FRAME 进入帧事件的侦听，不需要时记得移除对这个事件的侦听，因为侦听处理 ENTER_FRAME 这种事件消耗的 CPU 资源非常多。

即使是在时间轴上只有一帧，ENTER_FRAME 进入帧事件也会重复发生。

案例 4-8：会变的飞鸟。

【案例分析】

本案例中通过提供 5 个按钮控制飞鸟透明度、缩放、旋转等属性的变化，效果如图 4-7 所示。

图 4-7　会变的飞鸟

　　首先在舞台上放置一个飞鸟影片剪辑（实例名为"bird_mc"），接着还需要放置 5 个按钮（实例名分别为"alphaUp_btn"、"alphaDown_btn"、"scaleUp_btn"、"scaleDown_btn"和"rotate_btn"），通过这 5 个按钮来控制 bird_mc 的透明度变大、透明度变小、缩放变大、缩放变小以及旋转等。由于需要通过单击这 5 个按钮才能控制 bird_mc 属性的变化，因此要为这 5 个按钮分别注册事件侦听器，一旦单击某个按钮，侦听器响应函数就进行相应的处理。

　　最后，在主时间轴新建代码图层 as，并在第 1 帧添加程序代码。

【程序代码】

```
1     //为变亮按钮 alphaUp_btn 注册事件侦听器
2     alphaUp_btn. addEventListener(MouseEvent. CLICK, alphaUpHandler);
3
4     function alphaUpHandler(e:MouseEvent):void{
5         bird_mc. alpha + = 0. 1;
6     }
7     //为变暗按钮 alphaDown_btn 注册事件侦听器
8     alphaDown_btn. addEventListener(MouseEvent. CLICK, alphaDownHandler);
9
10    function alphaDownHandler(e:MouseEvent):void{
11        bird_mc. alpha - = 0. 1;
12    }
13
```

```
14    //为放大按钮 scaleUp_btn 注册鼠标单击事件侦听器
15    scaleUp_btn. addEventListener(MouseEvent. CLICK, scaleUpHandler);
16
17    function scaleUpHandler(e:MouseEvent):void{
18        bird_mc. scaleX += 0. 1;
19        bird_mc. scaleY += 0. 1;
20    }
21
22    //为缩小按钮 scaleDown_btn 注册鼠标单击事件侦听器
23    scaleDown_btn. addEventListener(MouseEvent. CLICK, scaleDownHandler);
24
25    function scaleDownHandler(e:MouseEvent):void{
26        bird_mc. scaleX -= 0. 1;
27        bird_mc. scaleY -= 0. 1;
28    }
29
30    //为旋转按钮 rotate_btn 注册鼠标单击事件侦听器
31    rotate_btn. addEventListener(MouseEvent. CLICK, rotateHandler);
32
33    function rotateHandler(e:MouseEvent):void{
34        bird_mc. rotation += 10;
35    }
```

【代码说明】

第2行　为变亮按钮 alphaUp_btn 注册鼠标单击事件侦听器。

第4~6行　定义 alphaUpHandler( )函数，当变亮按钮 alphaUp_btn 被单击时，此函数负责响应和处理。通过增加影片剪辑 bird_mc 的透明度属性 alpha 的值来使 bird_mc 影片剪辑变亮。影片剪辑的透明度属性 alpha 的有效值从 0（完全透明）到 1（完全不透明），默认值为 1。这里透明度每次增加 0.1。

第8行　为变暗按钮 alphaDown_btn 注册鼠标单击事件侦听器。

第10~12行　定义 alphaDownHandler( )函数，当变暗按钮 alphaDown_btn 被单击时，此函数负责响应和处理。通过减少影片剪辑 bird_mc 的透明度属性 alpha 的值来使 bird_mc 影片剪辑变暗。这里透明度每次减少 0.1。

第15行　为放大按钮 scaleUp_btn 注册鼠标单击事件侦听器。

第17~20行　定义 scaleUpHandler( )函数，当放大按钮 scaleUp_btn 被单击时，此函数负责响应和处理。通过增加影片剪辑 bird_mc 的缩放属性 scaleX 和 scaleY 的值来使 bird_mc 影片剪辑放大。影片剪辑的缩放属性 scaleX 和 scaleY 的值为缩放比例，默认值为 1，即缩放比率为 100%。这里为了 bird_mc 缩放时不变形，每次横向和纵向缩放比例同时增加 0.1，即 10%。

第 23 行　为缩小按钮 scaleDown_btn 注册鼠标单击事件侦听器。

第 25~28 行　定义 scaleDownHandler( )函数，当缩小按钮 scaleDown_btn 被单击时，此函数负责响应和处理。通过减少影片剪辑 bird_mc 的缩放属性 scaleX 和 scaleY 的值来使 bird_mc 影片剪辑缩小。这里为了 bird_mc 缩放时不变形，每次横向和纵向缩放比例同时减少 0.1，即 10%。

第 31 行　为旋转按钮 rotate_btn 注册鼠标单击事件侦听器。

第 33~35 行　定义 rotateHandler( )函数，当旋转按钮 rotate_btn 被单击时，此函数负责响应和处理。通过增加影片剪辑 bird_mc 的旋转属性 rotation 的值来使 bird_mc 影片剪辑旋转。rotation 属性值以度为单位，表示距其原始方向的旋转程度。从 0 到 180 度的值表示顺时针旋转，从 0 到-180 度的值表示逆时针旋转。如果指定的数值超过此范围，则指定的数值会被加上或减去 360 度的倍数，以获得该范围之内的数值。这里每次旋转角度增加 10 度。

按 Ctrl+Enter 组合键测试代码效果。

在 Flash 中的坐标系，X 表示横轴，向右为正值，而 Y 表示纵轴，向下为正。坐标原点（0，0）定义在舞台的左上角。

鼠标位置坐标 mouseX 和 mouseY 的原点会根据鼠标所处的对象的不同而不同。若是直接处于舞台，坐标系统会以舞台的左上角作为（0，0）；若是处于某影片剪辑对象中，则会以该影片剪辑的注册点作为（0，0）。

▶▶ 4.3　本章小结

本章中主要学习了以下内容。
- Flash ActionScript 3.0 程序是由事件驱动的。
- Flash ActionScript 3.0 中的事件，如同日常生活中一样，就是发生的事件，但是它是能够被 Flash ActionScript 3.0 识别并可被响应的事件。
- Flash ActionScript 3.0 处理事件有三大要素，即事件发送者、事件对象和事件接收者。
- Flash ActionScript 3.0 中采取事前侦听、事后响应的处理模式。
- Flash ActionScript 3.0 中发生事件时，系统将事件细节封装成事件对象。
- 事件对象包含事件源、事件类型等属性供事件处理函数读取。
- 可以利用 Flash ActionScript 3.0 时间轴控制指令来控制时间轴播放。
- 可以利用 Flash ActionScript 3.0 来控制和读取影片剪辑的属性。
- Flash 时间轴播放头每进入一帧时，都会触发 Event. ENTER_FRAME 事件。

常用英语单词含义如下表所示。

英　文	中　文
add	添加
frame	帧，框架
event	事件
listener	侦听器
mouse	鼠标
random	随机
remove	移除
rotation	旋转
stage	舞台
scale	规模，比例
target	目标

课 | 后 | 练 | 习

一、问答题

1. 什么是事件及事件处理模式？

2. 事件对象有何作用？

二、判断题

1. 在 ActionScript 3.0 中所有事件都需使用主动触发　（　　　）。

2. 如果未注册某事件侦听器，则该事件永远不会触发　（　　　）。

3. 播放头可以通过帧标签进行帧跳转　（　　　）。

三、选择题

1. 下面有关影片剪辑的叙述不正确的是　（　　　）。

A. 每个影片剪辑都有独立的时间轴

B. 可以使用程序代码修改影片剪辑的所有属性值

C. 影片剪辑的 totalFrames 是只读属性，表示影片剪辑中总的帧数

D. 影片剪辑的 currentFrame 是只读属性，表示影片剪辑中播放头所处帧的编号

2. 下面有关事件的叙述不正确的是　（　　　）。

A. 在 ActionScript 3.0 中触发的所有事件都是能够被识别并可被响应的

B. 在 ActionScript 3.0 中通过 addEventListener( )方法来侦听特定对象的指定事件

C. 在 ActionScript 3.0 中通过 removeEventListener( )方法来解除事件侦听

D. 在 ActionScript 3.0 中事件处理函数只能侦听处理一个特定对象的指定事件

3. 下面叙述不正确的是　（　　　）。

A. 在 ActionScript 3.0 中使用 MouseEvent 类表示鼠标事件

B. 在 ActionScript 3.0 中使用 KeyboardEvent 类表示键盘事件

C. 在 ActionScript 3.0 中使用事件对象的 currentTarget 属性获取事件源

D. 在 ActionScript 3.0 中使用事件对象的 type 属性获取事件类型

四、实操题

1. 模拟制作一个游戏的主界面，包括游戏说明、开始游戏和退出游戏三个按钮，再分别制作三个对应的场景，每个场景只需呈现界面，不需实现功能，单击游戏主界面，三个按钮能实现相互跳转。

2. 制作一个动画效果，鼠标移入时，透明度为原来的一半，移出时恢复原状。

第 5 章　选择结构

▶▶ 5.1　程序结构

到目前为止学过的程序代码，都是从上至下一行一行语句依次执行，但是真正比较复杂的程序，通常都不会按照固定的前后顺序依次逐行执行语句，而是根据程序运行的情况，改变程序中语句执行的顺序。

这里把程序中语句的执行顺序称为程序结构。如果程序语句是按照书写顺序执行的，则称之为顺序结构；如果程序语句是按照某个条件来决定是否执行，称之为选择结构；如果某些程序语句要反复执行多次，称之为循环结构。计算机科学家已经证明了一个结论——无论计算机程序多么庞大和复杂，都可以通过这三种结构不断组合形成。

通常通过流程图来说明一个程序的结构。流程图，顾名思义，就是用图来表示程序的执行流程，它运用一组规定的图形符号、流程线和文字说明来表示程序执行过程中的各种操作和流程。一般来说，为了便于识别，有一些约定俗成的规定。

- 圆角矩形框，也就是起始结束框，表示"开始"与"结束"。
- 矩形框，也就是处理框，表示对框内的内容进行处理。
- 菱形框，也就是判断框，表示对框内的条件进行判断。
- 平行四边形框，也就是输入输出框，表示资料的输入和结果的输出。
- 箭头，也就是流程线，表示流程的方向。

用流程图来表示程序的结构和流程，非常直观和形象，易于理解，可谓是一图胜千言。在后面具体讲解程序的三大结构中，会利用流程图来说明每个程序结构的流程。

顺序结构，顾名思义，就是程序中的语句按照顺序一步一步来执行。例如，乘飞机就是一个顺序结构的实例，值机、安检、候机、登机等各个步骤是按照顺序一步一步来执行的，而不可调换先后顺序。

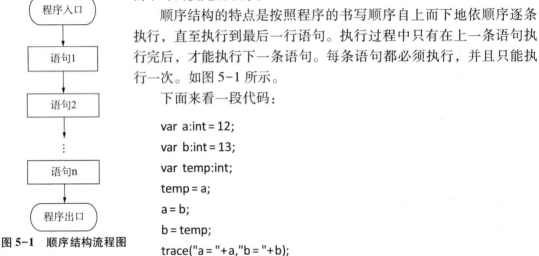

图 5-1　顺序结构流程图

顺序结构的特点是按照程序的书写顺序自上而下地依顺序逐条执行，直至执行到最后一行语句。执行过程中只有在上一条语句执行完后，才能执行下一条语句。每条语句都必须执行，并且只能执行一次。如图 5-1 所示。

下面来看一段代码：

```
var a:int = 12;
var b:int = 13;
var temp:int;
temp = a;
a = b;
b = temp;
trace("a = "+a,"b = "+b);
```

这个程序的功能是将 a，b 的值互换。程序从第一条语句开始执行，直到最后一条语句。

顺序结构是三种结构中最简单的，没有特殊的流程、分支或跳动，只是按照预先顺序从上到下依次执行而已。由于顺序结构只能以这种固定的方式处理，因此只能完成一些简单的任务。

然而，计算机强大的功能在于它不仅能按顺序执行人们事先安排好的一些语句，而且具有逻辑判断能力，即能根据所指定的条件，从预设的操作中选择某一条操作语句。

这里把需要根据判定条件来选择执行不同语句的结构称为选择结构。选择结构利用条件来判断程序的流程，如果条件成立，会有一条流程，否则，则有另一条流程。但是选择结构不论条件成立与否，最后都有同一出口，结束流程。如图 5-2 所示。例如，用户在登录E-mail邮箱时，输入账号和密码后，计算机需要判断输入的账号和密码是否与后台保存的一致。如果一致，则执行登录成功，打开邮箱等操作语句，否则执行提示错误信息等操作语句。

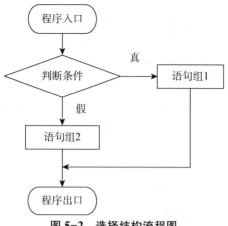

图 5-2　选择结构流程图

大多数稍微复杂些的程序都会使用选择结构，它就像复杂的人生一样，在关键时刻会出现几条岔路，需要选择其中一条继续走下去。

循环结构就是反复多次执行相同的语句。程序根据循环条件做出判断，若条件成立，那么继续重复执行；如果条件不成立，则离开循环，接着执行循环结构外的下一条语句。如图 5-3 所示。例如，一个人要做 100 只折纸康乃馨送给母亲做生日礼物，在做完 100 只折纸康乃馨之前，她会一直重复执行相同的动作——做一只折纸康乃馨。这个重复的过程，就叫作循环。而还没有做到 100 只就是循环条件。

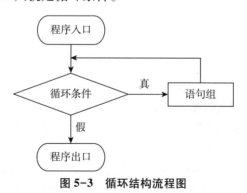

图 5-3　循环结构流程图

循环结构也是比较重要的知识点，将在第 6 章详细讲述。

▶▶ 5.2　条件分支

在日常生活中，经常需要对一些事情进行判断，例如，当你出门时，需要判断一下外面是否在下雨，如果是，就要带雨伞；如果不是，就不需要带雨伞。其实，在设计程序时也是这样。在许多实际问题的程序设计中，需要根据用户输入、执行的结果等不同情况选择不同的操作。

在这种情况下，就需要在程序里预设一些条件和操作语句，以决定当条件成立的时候执行哪些操作语句，而当条件不成立的时候，跳过哪些语句不执行，而去执行另外的操作语句，这就是所谓的分支。

在 ActionScript 3.0 中，不会采用"如果……就……否则……"这种书写方式来执行判断条件，并跳转到不同的分支。而是有一套属于它的按照不同条件进行不同分支处理的程序结构形式，主要包括以下两种类型的分支结构。

1. 条件分支

根据给定的条件进行判断，决定执行某个分支的程序段。条件分支主要用于一个和两个分支的选择，由 if 语句和 if...else 语句来实现。其实也可以实现多个分支的选择，由 if...else...if 语句来实现。

2. 开关分支

根据给定表达式的值进行判断，然后决定执行多路分支中的一支。开关分支用于多个分支的选择，由 switch...case 语句来实现。

▶▶▶ 5.2.1　if 语句

用简单 if 语句可以构成分支结构。它根据给定的条件进行判断，以决定是否执行某个分支程序段。

 学一学

if 是一个关键字，翻译成中文就是"如果"或者"假如"，它在 ActionScript 3.0 中用于引导条件分支语句。简单 if 语句的使用格式如下：

```
if (条件){
    执行的语句;
}
```

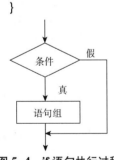

图 5-4　if 语句执行过程

if 语句在执行中先测试条件，如果条件成立，即条件为真，就执行条件后面大括号内的语句；如果条件不成立，即条件为假，那么将跳过大括号内的语句，而执行大括号后面的语句。其过程如图 5-4 所示。

政府部门为了避免人们在上下学（班）途中受到灾害性天气带来的伤害，特别规定：如果遇到恶劣天气，学生不用上学，员工不用上班。

那么，该如何用 if 语句表示"如果天气恶劣，那么就停课和停工"呢？很显然，判断条件是天气是否恶劣，如果条件成立，则执行停课停工操作，因此用伪代码可以表示如下：

```
if (天气恶劣) {
    停课停工;
}
```

下面通过执行两段程序代码，来了解"if"语句的执行过程。

执行下面这段代码，查看结果。

```
if (1<2) {
    trace("1 小于 2");
}
```

测试结果，将会打印"1 小于 2"，由于这里 1<2 条件成立，则执行大括号中的代码。

又如，执行下面这段代码：

```
if(3>4){
    trace("3 大于 4");
}
trace("我是 if 语句后面的语句");
```

测试结果，将会打印"我是 if 语句后面的语句"，为什么没有打印"3 大于 4"呢？因为条件 3>4 不成立，所以不会执行大括号里面的打印语句，而直接执行大括号后面的打印语句。因此"3 大于 4"这句话不会被打印。

"{"和"}"之间的范围称为语句块，是将一条或多条语句集结在一起的区域。如果只有单行语句，也可以不使用 {}，建议只有一行语句的情况下，也要使用 {} 括起来，这样做可让程序更易理解。

伪代码是介于自然语言和计算机语言之间的文字和符号（包括数学符号），用来描述算法。

用一用

案例 5-1： 求指定三个整数中最大的一个。

【案例分析】

在程序中，假设三个数分别为：a、b、c，设最大的数为：max。通过对 a，b，c 进行逐一比较求出三者中最大值。

首先假设 a 暂时最大，即令 max＝a，接下来如果 max<b，则 max＝b，反之 max 值不变；最后 max 还需与 c 进行比较，如果 max<c，则 max＝c，反之 max 值不变，这样三个数中最大的数就是 max 了。整个流程图如图 5-5 所示。

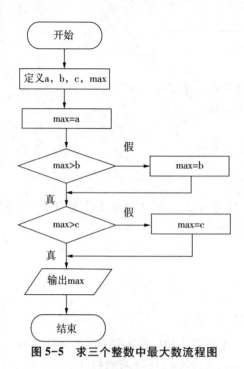

图 5-5　求三个整数中最大数流程图

【程序代码】

```
1    var a,b,c:int;
2    var max:int;
3    a = 10;
4    b = 20;
5    c = 30;
6    max = a;
7    if(max<b){
8        max = b;
9    }
10   if(max<c){
11       max = c;
12   }
13   trace(max);
```

【代码说明】

第1行　定义三个整型变量 a，b，c。

第2行　定义整型变量 max，存储 a，b，c 中的最大数。

第3~5行　分别为三个整型变量 a，b，c 赋初值。

第6行　为 max 赋初值 a。

第7~9行　判断 max 的值（此时 max 的值为 a）是否小于 b，若是，则将 b 的值赋值给 max。

　　第 10~12 行　判断 max 的值是否小于 c，若是，则将 c 的值赋值给 max。

　　第 13 行　输出 max 的值。

　　按 Ctrl+Enter 组合键测试代码效果。

案例 5-2：鱼儿来回游动。

【案例分析】

　　本案例模拟鱼儿在玻璃缸中来回游动。效果如图 5-6 所示。

图 5-6　鱼儿来回游动

　　首先，需要制作一个鱼缸和水草等作为背景，接着需要制作一个鱼儿的影片剪辑元件并添加到舞台中，因为程序代码需要控制鱼儿不断游动，所以还需要为舞台上的鱼儿影片剪辑命名，这里将其实例名命名为"fish_mc"。

　　为了让鱼儿不断来回游动，程序代码需要不断地修改 fish_mc 的 X 和 Y 坐标以便让其不断变换位置模拟鱼儿游动的效果。如何才能做到不断地修改 fish_mc 的 X 和 Y 坐标呢？这里可以侦听主时间轴上的 Event. ENTER_FRAME 进入帧事件，只要播放头在主时间轴播放，则该事件会不断被触发，由此在响应函数中写入修改 fish_mc 的 X 和 Y 坐标代码即可达到目的。

　　为了实现鱼儿不断来回游动，这里分两个步骤：

　　（1）鱼儿能够直线游动；

　　（2）鱼儿能够来回游动。

【制作步骤】

1. 鱼儿直线游

　　侦听主时间轴上的 Event. ENTER_FRAME 进入帧事件，在响应函数中修改鱼儿（fish_mc）的 X 和 Y 坐标。这样就能沿着直线向右上角游动了。

```
1    this. addEventListener(Event. ENTER_FRAME,moveHandler);
2    fish_mc. x = fish_mc. width;
3    function moveHandler(e:Event):void{
```

```
4        fish_mc. x += 5;
5        fish_mc. y += 2;
6    }
```

第1行　为主时间轴注册 Event. ENTER_FRAME 进入帧事件侦听器，moveHandler( )事件处理函数负责响应和处理。当主时间轴每进入一帧播放时，Event. ENTER_FRAME 事件就会自动被触发。

第2行　设置 fish_mc 的初始位置。

第3行　定义 Event. ENTER_FRAME 事件处理函数 moveHandler( )。此函数会在主时间轴每进入一帧播放时被调用执行。

第4行　修改 fish_mc 的 X 坐标，每次都加上 5 即可。

第5行　修改 fish_mc 的 Y 坐标，每次都加上 2 即可。

按 Ctrl+Enter 组合键测试代码效果。

运行后鱼儿会往右下角直线游，但是发现鱼儿（fish_mc）在鱼缸中移动的距离是没有限制的。实际上鱼儿（fish_mc）可以向舞台的右下角移动，即使超出鱼缸边界，仍然还是不停地向右下角移动。

因此，接下来要对程序加以改进，来限制鱼儿（fish_mc）只能在鱼缸里面来回游动。

2. 鱼儿来回游动

可以使用 if 语句来限制鱼儿（fish_mc）的活动范围。设定的条件会判断鱼儿（fish_mc）的坐标是否在允许的范围内，也就是不允许穿越鱼缸的左、右、上、下边界。如果靠近左右边界，则鱼儿（fish_mc）立即调头；如果靠近上边界，则鱼儿（fish_mc）立即向下移动；如果靠近下边界，则鱼儿（fish_mc）立即向上移动。鱼儿 fish_mc 来回游动的流程图如图 5-7 所示。

```
1    this. addEventListener(Event.ENTER_FRAME,moveHandler);
2    fish_mc. x = fish_mc.width;
3    var dx:int = 5 ; //每次横向移动的距离
4    var dy:int = 2;//每次纵向移动的距离
5
6    function moveHandler(e:Event):void{
7        //判断是否到达右边界
8        if (fish_mc.x > (stage.stageWidth - fish_mc.width)) {
9            dx = - 5;
10           fish_mc.scaleX = - 1;
11       }
12       //判断是否到达左边界
13       if(fish_mc.x < fish_mc.width) {
14           dx = 5;
15           fish_mc.scaleX = 1;
16       }
```

```
17        //判断是否到达上边界
18        if(fish_mc.y <= fish_mc.height){
19            dy = 2;
20        }
21        //判断是否到达下边界
22        if(fish_mc.y>(stage.stageHeight- fish_mc.height)){
23            dy = - 2;
24        }
25        fish_mc.x += dx;
26        fish_mc.y += dy;
27    }
```

第 3 行　定义一个变量 dx 存储每次 fish_mc 横向移动的距离，并初始化为 5。

第 4 行　定义一个变量 dy 存储每次 fish_mc 纵向移动的距离，并初始化为 2。

第 8~11 行　判断鱼儿是否接近右边界，如果接近，就将每次横向移动的距离变量 dx 赋值为−5，则之后会向左边移动。接下来也需要设置鱼儿头向左，这就需要鱼儿（fish_mc）在 X 轴方向上水平翻转 180 度。这里通过设置影片剪辑的 scaleX 的属性来实现，scaleX 本来表示在横轴上的缩放比例，但是 scaleX = −1 时则有特殊含义，表示影片剪辑水平翻转 180 度。这里 stage. stageWidth 为返回舞台的宽度值。

第 13~16 行　判断鱼儿是否接近左边界，如果接近，就将每次横向移动的距离变量 dx 赋值 5，则之后会向右边移动。接下来也需要设置鱼儿头向右，通过设置其 scaleX 属性值等于 1 达到目的。

第 18~20 行　判断鱼儿是否接近上边界，如果接近，就将每次纵向移动的距离变量 dy 赋值 2，则之后鱼儿会向下游动。

第 22~24 行　判断鱼儿是否接近下边界，如果接近，就将每次纵向移动的距离变量 dy 赋值为−2，则之后鱼儿会向上游动。这里 stage. stageHeight 是返回舞台的高度值。

按 Ctrl+Enter 组合键测试代码效果。

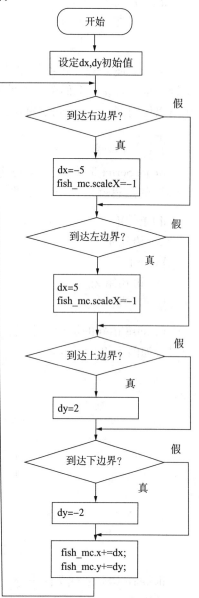

图 5-7　鱼儿 fish_mc 来回游动流程图

▶▶▶ 5.2.2　if...else 语句

使用 if 语句，只实现了"如果……就"，但是如何实现"如果……就……否则……"的

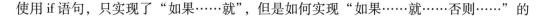

功能呢？虽然用 if 也能实现，例如"如果天气恶劣，那么停课停工；如果天气不恶劣，那么上学上班"。用伪代码实现如下：

```
if (天气恶劣){
    停课停工;
}
if (! 天气恶劣){
    正常上学上班;
}
```

但是上述"天气恶劣"和"天气不恶劣"两个条件任何时刻只有一种情况发生，非此即彼。也就是说，上面两个条件是对立的，而用两个 if 语句无法体现非此即彼这种情况，这里可以使用 if...else 语句解决这种问题。

 学一学

ActionScript 3.0 针对以上这种情况，提供了 if...else 语句来实现程序的对立分支，"else" 的意思就是"否则"，"else" 必须与"if"结合使用，格式如下：

```
if (条件){
    语句组 1;
} else {
    语句组 2;
}
```

if...else 语句的执行过程是：如果条件为真，则执行语句组 1，否则执行语句组 2。其执行过程如图 5-8 所示。

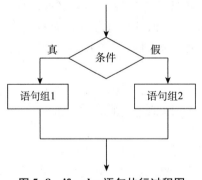

图 5-8　if...else 语句执行过程图

if...else 语句实现了两个分支的选择，因此 if...else 语句又称为双分支语句结构。

前面天气恶劣和天气不恶劣的判断用 if...else 语句就简单明了多了，伪代码如下：

```
if (天气恶劣){
    停课停工;
} else {
```

　　　　正常上学上班;

}

可以看到，这样既简化了内容，又明确了条件之间的关系。

又如，利用 if…else 语句实现比较两个整数的大小，代码如下：

```
var a:int = 30;
var b:int = 40;
var max:int;
if(a>b){
    max = a;
}else{
    max = b;
}
trace("a=30,b=40,较大者是"+max);
```

执行上述代码，可以看到将输出 "a=30，b=40，较大者是 40"。

用一用

案例 5-3：放音、静音开关制作。

【案例分析】

在音乐或视频播放器中都有比较形象和生动的放音、静音开关用来控制放音和静音，本案例将模拟制作一个放音、静音控制开关，案例效果如图 5-9 所示。

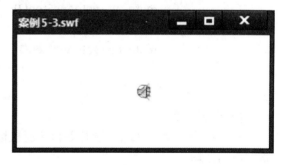

（a）放音状态　　　　　　　　　　　　　　　（b）静音状态

图 5-9　放音、静音开关

　　放音、静音开关只有两种状态。当为放音状态时，开关会显示为扬声器播放状态，单击则会变为静音状态。同理，当为静音状态时，开关会显示为静音状态，单击则会变为扬声器播放状态。也就是说，每单击一次，状态会切换一次。因此，制作一个只有两帧的影片剪辑用作开关，第 1 帧是扬声器播放状态，第 2 帧是静音状态。被单击时，判断当前是否处于第 1 帧，若是则跳转到第 2 帧，否则跳转到第 1 帧。流程图如图 5-10 所示。

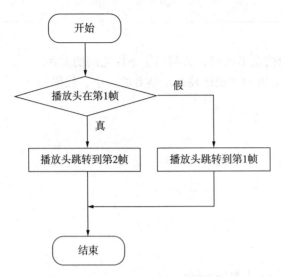

图 5-10 放音、静音开关切换流程图

影片剪辑制作完成后，将其放入舞台并设定其实例名为"mute_mc"，并在主时间轴上新建一个代码层 as，在其第 1 帧添加代码。

【程序代码】

```
1    mute_mc. addEventListener(MouseEvent. CLICK, muteHandler);
2    function muteHandler(e:MouseEvent):void{
3        if (mute_mc. currentFrame == 1){
4            mute_mc. gotoAndStop(2);
5        } else{
6            mute_mc. gotoAndStop(1);
7        }
8    }
```

【代码说明】

第 1~2 行　为 mute_mc 影片剪辑注册鼠标单击事件侦听器，定义 muteHandler( )函数负责响应和处理。

第 3 行　判断当前 mute_mc 影片剪辑播放头所处的位置。每个影片剪辑均有 currentFrame 只读属性，用来获取影片剪辑当前播放头所处的位置，即当前帧的编号。

第 4 行　如果 mute_mc 影片剪辑的播放头处于第 1 帧，由于要进行状态切换，因此将跳转到第 2 帧，显示静音状态。

第 5 行　如果 mute_mc 影片剪辑的播放头不处于第 1 帧，那么只可能处于第 2 帧，因为 mute_mc 影片剪辑总共只有两帧。此时要切换到扬声器放音状态，因此将跳转到第 1 帧，显示放音状态。

按 Ctrl+Enter 组合键测试代码效果。

案例 5-4：电子相册升级版。

【案例分析】

在案例 4-5 中实现了一个电子相册的基本功能，效果如图 4-3 所示。在案例 4-5 中，若当前是最后一张照片，再单击向后按钮，则无法向后翻看了。同样地，若当前是第 1 张照片，再单击向前按钮，则无法向前翻看了。这里对案例 4-5 进行改进，实现照片可循环观看，即看到最后一张，再往后看，则跳转到第 1 张；若看到第 1 张，再往前看，则跳转到最后一张。制作过程请参见案例 4-5。这里只需要修改案例 4-5 中的程序代码。

【程序代码】

```
1    image_mc. stop();
2
3    prev_btn. addEventListener(MouseEvent. CLICK, prevHandler);
4
5    function prevHandler(e:MouseEvent):void{
6        //判断当前是否为第 1 帧
7        if( image_mc. currentFrame == 1){
8            image_mc. gotoAndStop(6);
9        }else{
10           image_mc. prevFrame();
11       }
12   }
13
14   next_btn. addEventListener(MouseEvent. CLICK, nextHandler);
15   function nextHandler(evt:MouseEvent):void{
16       //判断当前是否为最后一帧,即第 6 帧
17       if( image_mc. currentFrame == 6){
18           image_mc. gotoAndStop(1);
19       }else{
20           image_mc. nextFrame();
21       }
22   }
```

【代码说明】

第 1 行　让舞台上实例名为"image_mc"的影片剪辑停止播放。

第 3 行　为向前翻看按钮 prev_btn 注册鼠标单击事件侦听器，当此事件发生时，事件处理函数 prevHandler( ) 负责响应和处理。

第 5~12 行　定义了 prevHandler( ) 函数，专门用来处理向前翻看按钮 prev_btn 被单击事件。在函数里首先需要判断当前照片所处的帧编号，通过影片剪辑的 currentFrame 属性返回影片剪辑播放头所在的帧编号。接着判断当前是否处于第 1 帧，若是则跳转到实例名为"image_mc"的影片剪辑最后一帧，即第 6 帧，否则通过 prevFrame( ) 指令让舞台上实例名

为"image_mc"的影片剪辑播放上一帧并停止。

第 14 行　为向后翻看按钮 next_btn 注册鼠标单击事件侦听器，当此事件发生时，事件处理函数 nextHandler( )负责响应和处理。

第 15~22 行　定义了 nextHandler( )函数，专门用来处理播放按钮 next_btn 被单击事件。在函数里首先需要判断当前照片所处的帧编号，接着判断当前是否处于最后一帧，即第 6帧，若是则跳转到实例名为"image_mc"的影片剪辑第 1 帧，否则通过 nextFrame( )指令让舞台上实例名为"image_mc"的影片剪辑播放下一帧并停止。

按 Ctrl+Enter 组合键测试代码效果。

影片剪辑完全可以取代按钮的功能。

此案例中的 if…else 语句如何改用 if 语句实现？

▶▶▶ 5.2.3　if…else if…else 语句

如果需要对多个条件进行判断，使用 if…else if…else 语句，可以增加多个条件分支。因此 if…else if…else 语句又称为多分支结构语句。

if…else if…else 用来连续判断多个条件，其一般形式为：

```
if(条件 1){
    语句组 1;
}else if(条件 2) {
    语句组 2;
}else if(条件 3) {
    语句组 3;
}else if(…){
        ⋮
}else if(条件 n- 1) {
    语句组 n- 1;
}else{
    语句组 n;
}
```

执行过程是：依次判断条件是否成立，当某个条件成立时，则执行其对应的语句。然后跳到整个 if 语句之外继续执行程序。如果所有的表达式均为假，则执行语句组 n。然后继续执行后续程序。if…else if…else 语句的执行流程图如图 5-11 所示。

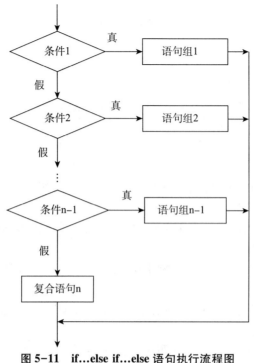

图 5-11　if…else if…else 语句执行流程图

以前面天气的例子来说明。其实，恶劣的天气是比较模糊和笼统的说法，需要对诸如台风、暴雨等恶劣天气情形进行等级划分及规定不同的灾害性天气预警信号，预警信号会给公众一些指引，这样公众就可以有的放矢按规定来操作。

例如，深圳市将台风预警信号分为五级，分别以白色、蓝色、黄色、橙色、红色表示，各预警信号含义如下。

白色：48 小时内可能受热带气旋影响，注意了解热带气旋的最新情况。

蓝色：24 小时内可能或者已经受热带气旋影响，平均风力 6 级以上，需做好防风准备。

黄色：24 小时内可能或者已经受热带气旋影响，平均风力 8 级以上。托儿所、幼儿园和中小学停课。

橙色：12 小时内可能或者已经受热带气旋影响，平均风力 10 级以上，进入紧急防风状态，市民应留在室内或到安全场所避风。

红色：6 小时内可能或者已经受热带气旋影响，平均风力 12 级以上，全市停业（特殊行业除外）。

而暴雨预警信号分黄、橙、红三个等级，各自预警信号含义如下。

黄色：6 小时内可能或者已经受暴雨影响，及时通知易受暴雨影响的户外工作人员。

橙色：3 小时内可能或者已经受暴雨影响，降雨量 50 毫米以上，暂停易受暴雨侵害的户外作业。

红色：3 小时内可能或者已经受暴雨影响，降雨量 100 毫米以上，幼儿园、托儿所和中小学停课。

以上恶劣天气预警信息，可以用 if…else if…else 语句表示出来，伪代码如下：

```
if(白色台风预警信号){
    48 小时内可能受热带气旋影响,注意了解热带气旋的最新情况;
}else if(蓝色台风预警信号) {
    24 小时内可能或已经受热带气旋影响,平均风力 6 级以上,需做好防风准备;
}else if(黄色台风预警信号) {
    24 小时内可能或已经受热带气旋影响,平均风力 8 级以上,托儿所、幼儿园和中小学停课;
}else if(橙色台风预警信号) {
    12 小时内可能或已经受热带气旋影响,平均风力 10 级以上,居民切勿随意外出;
}else if(红色台风预警信号) {
    6 小时内可能或已经受热带气旋影响,平均风力 12 级以上,除特殊行业外全市停业;
}else if(黄色暴雨预警信号) {
    6 小时内可能或者已经受暴雨影响,及时通知易受暴雨影响的户外工作人员;
}else if(橙色暴雨预警信号) {
    3 小时内可能或者已经受暴雨影响,降雨量 50 毫米以上,暂停易受暴雨侵害的户外作业;
}else if(红色暴雨警告信号) {
    3 小时内可能或者已经受暴雨影响,降雨量 100 毫米以上,幼儿园、托儿所和中小学停课;
}else{
    无台风、暴雨天气预警信号,说明天气正常,公众正常上学和上班;
}
```

如此就可以将各种状况都罗列出来,让计算机知道如何处理。

用一用

案例 5-5:体重指数计算器。

【案例分析】

体重不仅关系到身材,而且和健康息息相关,因此需要关心个人的体重是否合理。那如何判断个人的体重是否合理呢?目前世界卫生组织采用体重指数 BMI(body mass index)对肥胖程度进行分级。如表 5-1 所示。

表 5-1 BMI 分级表

分级	体重指数
体重过轻	$BMI < 18.5$
正常范围	$18.5 \leqslant BMI < 24$
体重稍重	$24 \leqslant BMI < 27$
轻度肥胖	$27 \leqslant BMI < 30$
中度肥胖	$30 \leqslant BMI < 35$
重度肥胖	$BMI \geqslant 35$

BMI 通过如下公式进行计算：

BMI = 体重/身高^2

即用体重除以身高的平方，其中体重的单位是千克，身高的单位是米。

下面写一个程序，根据使用者的身高和体重可以计算出体重指数，并给出建议。案例效果如图 5-12 所示。

图 5-12　体重指数计算器

在使用者输入体重和身高数据，并单击"确定"按钮后，程序根据所输入的身高和体重来计算 BMI 指数值，并根据 BMI 指数值来判断体重等级，将结果显示在动态文本框中。流程图如图 5-13 所示。

在舞台上需要添加两个输入文本框用来输入体重和身高，并分别将其实例命名为"weight_txt"和"height_txt"。在舞台上还需要添加一个确定按钮并将其实例命名为"ok_btn"。接着添加两个动态文本框用来输出 BMI 指数值和建议，并分别将其实例命名为"bmi_txt"和"advice_txt"。

最后在主时间轴上新建代码层 as，并在第 1 帧输入代码。

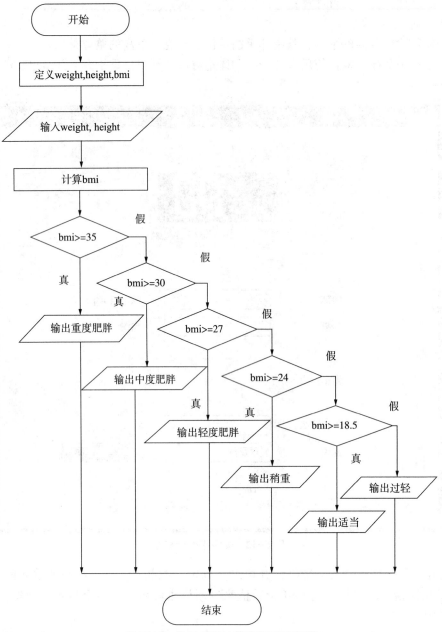

图 5-13　体重指数计算器程序流程图

【程序代码】

```
1      ok_btn. addEventListener(MouseEvent. CLICK, okHandler);
2      function okHandler(e:MouseEvent):void{
3          var wt:Number = Number(weight_txt. text);
4          var ht:Number = Number(height_txt. text);
```

```
5        var temp:Number = (ht / 100) *  (ht / 100);
6        var bmi:Number = Number((wt/temp). toFixed(2));
7        bmi_txt. text = String(bmi);
8        //开始评估体重状况
9        if(bmi> = 35){
10            advice_txt. text = "重度肥胖";
11       }else if(bmi> = 30){
12            advice_txt. text = "中度肥胖";
13       }else if (bmi> = 27){
14            advice_txt. text = "轻度肥胖";
15       }else if (bmi> = 24){
16            advice_txt. text = "稍重";
17       }else if (bmi> = 18. 5) {
18            advice_txt. text = "适当";
19       }else{
20            advice_txt. text = "过轻";
21       }
22   }
```

【代码说明】

第 1 行 为 ok_btn 按钮注册鼠标单击事件侦听器，定义事件处理函数 okHandler( )负责响应和处理事件。

第 3 行 获取体重文本框中输入的体重值，并将其转换为数值类型，便于计算。

第 4 行 获取身高文本框中输入的身高值，并将其转换为数值类型，便于计算。

第 5 行 将身高由以厘米为单位转换为以米为单位，并计算其平方值。

第 6 行 依据 BMI 指数计算公式将计算结果赋值给 bmi。若 bmi 值有小数，则保留两位数小数点。toFixed( )方法作用是四舍五入取指定位数的小数点。使用时直接指定 toFixed( )中的参数即可，比如要留两位小数，则 toFixed（2）。例如，8. 888. toFixed（2）得到的值为 8. 89，3. 14. Fixed（1）得到的值是 3. 1。需要注意的是，toFixed( )之后得到的值是字符串类型，如果要继续使用 Number 类型，就需要再强制转回 Number。

第 7 行 将 bmi 的值显示在文本框中。

第 9 行 判断 bmi 的值是否大于等于 35。

第 10 行 若 bmi 的值大于等于 35，则执行此行代码，输出结果。

第 11 行 若 bmi 的值不大于等于 35，继续判断 bmi 的值是否大于等于 30。

第 12 行 若 bmi 的值大于等于 30 且小于 35，则执行此行代码，输出结果。

第 13 行 若 bmi 的值不大于 30，继续判断 bmi 的值是否大于等于 27。

第 14 行 若 bmi 的值大于 27 且小于 30，则执行此行代码，输出结果。

第 15 行 若 bmi 的值不大于等于 27，继续判断 bmi 的值是否大于等于 24。

第 16 行 若 bmi 的值大于等于 24 且小于 27，执行此行代码，输出结果。

第 17 行 若 bmi 的值不大于等于 24，继续判断 bmi 的值是否大于等于 18. 5。

第 18 行　若 bmi 的值大于等于 18.5 且小于 24，执行此行代码，输出结果。

第 19~20 行　若 bmi 不大于等于 18.5，执行此代码，输出结果。

按 Ctrl+Enter 组合键测试代码效果。

 想一想

案例中的 if…else if…else 语句可否用其他方式来实现？

▶▶▶ 5.2.4　if 语句嵌套

在一个 if 语句中又包含一个或多个 if 语句称为 if 语句嵌套。if 语句嵌套一般用在较为复杂的流程控制中。

 学一学

当 if 语句中的执行语句又是 if 语句时，则构成了 if 语句嵌套的情形。其实，嵌套的 if 语句可能又是 if…else 型。if 语句嵌套一般有以下两种形式。

第一种 if 语句嵌套形式如下：

```
if(条件 1){
    if(条件 2){
        语句组 1;
    }else{
        语句组 2;
    }
}
```

下面用一个生活中的例子来说明这种嵌套情形。例如，妈妈对牛牛说："如果你本周在幼儿园得了一朵红花，就对你进行奖励。如果周末天气晴朗，就带你去香港迪士尼公园玩，天气不好就去香港玩具反斗城买个托马斯火车玩具送给你"。你用上面 if 语句嵌套来表示，就可以写成下面的程序：

```
if(牛牛在幼儿园得了一朵红花){
    if(周末天气晴朗){
        妈妈带牛牛去香港迪士尼乐园玩
    }else{
        去香港玩具反斗城买个托马斯火车玩具送给牛牛
    }
}
```

通过这种 if 语句嵌套就可以把妈妈对牛牛的这段表述完整地表达地来。除了上面一种 if 语句嵌套形式之外，还有另外一种嵌套形式，如下所示：

```
if(条件 1){
    语句组 1;
}else if(条件 2){
```

```
        语句组 2;
}else{
        语句组 3;
}
```

例如，某市的房地产调控政策就非常符合这种 if 语句嵌套情形。

- 对在本市没有住房的本市户籍居民家庭，支持首次购买住房，允许首付最低 3 成。
- 对在本市已经拥有一套住房的本市户籍居民家庭，限购一套，首付不能低于 7 成。
- 对于已经拥有两套及以上住房的本市户籍居民家庭，暂停在本市购房。
- 持有本市有效居住证在本市没有住房且连续 5 年以上在本市缴纳社会保险及个人所得税的家庭，限购一套住房，允许首付最低 3 成。
- 拥有一套及以上住房的非本市户籍居民家庭，以及无法提供有效居住证及连续 5 年以上在本市缴纳社会保险及个人所得税纳税证明的非本市户籍家庭，暂停在本市购房。

通过第二种 if 语句嵌套形式来表示，伪代码如下：

```
if(本市户籍居民){
    if(在本市还没有住房){
        真正的刚需,首次购买住房,首付最低 3 成
    }else if(已拥有一套住房){
        改善型需求,限购一套,首付最低 7 成
    }else
        暂停在本市购买住房
    }
}else(有本市有效居住证居民)
    if(在本市还没有住房){
        if(缴纳 5 年以上社保及个人所得税){
            允许购买一套,首付最低 3 成
        }else{
            不能在本市购房
        }
    }else{
        在本市已有一套及以上住房,不能再买了
    }
}else
    没有居住证,不能购房
}
```

如此就可以把房地产调控政策中的各种情况都罗列出来，让程序知道如何处理。

用一用

案例 5-6：判断是否是闰年。

【案例分析】

本案例是一个判断闰年的小程序，只要输入一个年份，程序就会自动算出是不是闰年，并显示结果。本案例效果如图 5-14 所示。

图 5-14　闰年判断

判断闰年的算法是，如果年号能被 400 整除，或者它能被 4 整除而不能被 100 整除，则它是闰年；否则，它是平年。

这里需要在舞台放置一个输入文本框（实例名为"leap_txt"）用来接收用户的输入，一个动态文本框（实例名为"result_txt"）用来输出结果，还需要放置一个按钮（实例名为"ok_btn"）用来进行查询。当用户输入了年份并单击"查询"按钮后，程序获取 leap_txt 文本框中所输入的年份，并将其从字符串类型转化为数值类型，再根据判断闰年的算法进行判断并在 result_txt 文本框中输出结果。流程图如图 5-15 所示。

在主时间轴上新建代码图层 as，并在第 1 帧加入程序代码。

【程序代码】

```
1    ok_btn. addEventListener(MouseEvent. CLICK, okHandler);
2    var result_str:String = "";//存储结果
3    function okHandler(e:MouseEvent):void{
4        var year:Number = Number(leap_txt. text);
5        if(year% 400 == 0){
6            result_str = year + "是闰年";
7        }else{
8            if(year% 4 == 0&&year% 100! = 0){
9                result_str = year + "是闰年";
10           }else{
11               result_str = year + "不是闰年";
12           }
13       }
14       result_txt. text = result_str;
15   }
```

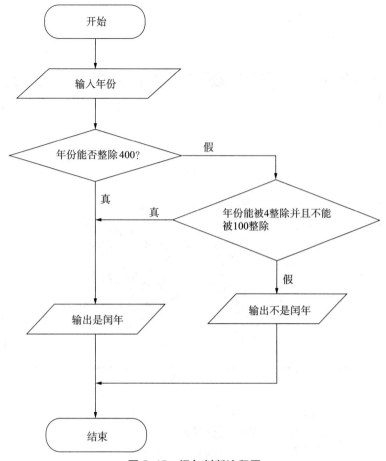

图 5-15　闰年判断流程图

【代码说明】

第 1 行　为 ok_btn 按钮注册鼠标单击事件侦听器，定义事件处理函数 okHandler( ) 负责响应和处理。

第 2 行　声明一个字符串变量 result_str，用来存储查询的结果。

第 3 行　定义 okHandler( ) 函数，该函数会在 ok_btn 被单击的时候自动触发执行。

第 4 行　获取在 leap_txt 文本框中输入的年份值。

第 5~6 行　判断年份是否能整除 400，若能，则该年是闰年，并将查询结果存入 result_str 变量中。

第 7~12 行　在该年份不能整除 400 的情况下，进一步判断能否整除 4 且不能被 100 整除。若满足该条件，该年则是闰年，否则不是闰年，并将查询结果存入 result_str 变量中。

第 14 行　将判断结果在 result_txt 文本框中进行输出。

按 Ctrl+Enter 组合键测试代码效果。

案例 5-7：鱼儿遨游。

【案例分析】

在案例 5-2 中，实现了鱼儿来回游动，本案例模拟鱼（实例名为 "fish_mc"）在鱼缸

91

里面休闲地遨游。为了实现遨游，需要随机设置目的地，并以非匀速的方式逐渐靠近目的地，而不是机械地左右上下游动。因此，程序里需要不断为鱼儿变换目的地，一旦靠近目的地，马上为鱼儿设定一个新的随机目标，这样就模拟出了鱼儿遨游的情形，如图 5-16 所示。

图 5-16　鱼儿遨游

为了实现鱼儿遨游，这里分两个步骤：

（1）鱼儿能够以非匀速朝一个随机目标遨游；

（2）鱼儿接近目标后，再次朝下一个随机目标继续遨游。

【制作步骤】

1. 鱼儿以非匀速朝一个随机目标遨游

利用 Math. random( )方法随机生成目的地，并利用 goalX 和 goalY 两个变量来存储鱼儿游动的目的地。为了让鱼儿不断地逼近目的地，可以注册 Event. ENTER_FRAME 事件侦听器，在响应函数中不断地修改 fish_mc 的 X 和 Y 坐标值，由于是渐近，而非匀速靠近或一步靠近目的地，因此这里采取每次只靠近目的地 1/10 的距离，实现逐步逼近。

```
1    this. addEventListener(Event. ENTER_FRAME,moveHandler);
2    //声明变量存储目的地
3    var goalX:Number;//存储目的地的 X 坐标
4    var goalY:Number;//存储目的地的 Y 坐标
5    //设定目标
6    goalX = fish_mc. width+Math. random()* (stage. stageWidth- 2* fish_mc. width);
7    goalY = fish_mc. height+Math. random()* (stage. stageHeight- 2* fish_mc. height);
8    if (goalX> = this. x) {
9        fish_mc. scaleX = 1;
10   } else {
```

```
11        fish_mc. scaleX = - 1;
12    }
13
14    //定义事件处理函数 moveHandler(),实现鱼儿在鱼缸中遨游
15    function moveHandler (e:Event):void {
16        var dx:Number  = goalX- fish_mc. x;
17        var dy:Number  = goalY- fish_mc. y;
18        var dis:Number  =  Math. sqrt(dx*dx+dy*dy);
19        if (dis>10) {//判断距离目的地是否大于 10 像素
20            fish_mc. x + =  dx/10; //逼近 X 坐标距离间隔的十分之一
21            fish_mc. y + =  dy/10; //逼近 Y 坐标距离间隔的十分之一
22        } else{
23            fish_mc. x  =  goalX;
24            fish_mc. y  =  goalY;
25            this. removeEventListener(Event. ENTER_FRAME,moveHandler);
26        }
27    }
```

第 1 行　为主时间轴注册 Event. ENTER_FRAME 进入帧事件侦听器。

第 3 行　定义一个变量 goalX 存储 fish_mc 下一个目的地的 X 坐标。

第 4 行　定义一个变量 goalY 存储 fish_mc 下一个目的地的 Y 坐标。

第 6~7 行　随机生成第一个目的地并存入 goalX 和 goalY 值，需要特别注意的是，生成的目的地一定要在鱼缸范围之内。这里借助 Math. random( )，控制 goalX 随机产生的值范围为 fish_mc. width 到 (stage. stageWidth−2 * fish_mc. width)，同时控制 goalY 随机产生的值范围为 fish_mc. height 到 (stage. stageHeight−2 * fish_mc. height)。这里 stage. stageWidth 为返回舞台的宽度值，stage. stageHeight 为返回舞台的高度值。

第 8~12 行　判断目的地与鱼儿当前的位置关系。若目的地在鱼儿的左边，则鱼儿需要水平翻转 180 度，以便鱼儿能够向着目的地游过去。

第 15 行　定义 Event. ENTER_FRAME 进入帧事件处理函数 moveHandler( )。此函数会在主时间轴每进入一帧播放时负责响应和处理。

第 16 行　定义变量 dx 存储 fish_mc 与目的地的横向距离。

第 17 行　定义变量 dy 存储 fish_mc 与目的地的纵向距离。

第 18 行　根据数学中计算平面上任意两点距离的公式求出当前 fish_mc 与目的地之间的直线距离并存入变量 dis 中。

第 19~22 行　判断 fish_mc 是否游到了目的地。若 fish_mc 距离目的地大于 10 像素，则让鱼儿 fish_mc 再次逼近距离间隔的十分之一。

第 23~24 行　这里我们在鱼儿游到距离目的地小于 10 像素的时候，就直接将目的地设为鱼儿的位置。为什么不让鱼儿精确地游到目的地再变换位置呢？因为鱼儿是自由游动，而非上下或者左右线性游动，所以不可能在 X 轴和 Y 轴方向上同时到达目的地。鱼儿游到距

离目的地小于 10 像素后，直接游动到目的地。

第 25 行　鱼儿游动到目的地后，不再需要变换位置，因此解除主时间轴的 Event. ENTER_FRAME 进入帧事件侦听器。

2. 鱼儿接近目标后，朝下一个随机目标继续遨游

上面实现鱼儿游到一个随机目的地后就停止了，这里需要当鱼儿在鱼缸中不断逼近目的地直到靠近目的地后，重新为鱼儿随机生成下一个目的地，鱼儿接着不断逼近新的目的地，周而复始，就模拟了鱼儿遨游的情形，流程图如图 5-17 所示。对以上代码进行更新如下：

```
1    this. addEventListener(Event. ENTER_FRAME,moveHandler);
2    //声明变量存储目的地
3    var goalX:Number;//存储下一个目的地的 X 坐标
4    var goalY:Number;//存储下一个目的地的 Y 坐标
5    //设定第一个目标
6    goalX = fish_mc. width+Math. random()* (stage. stageWidth- 2*fish_mc. width);
7    goalY = fish_mc. height+Math. random()* (stage. stageHeight- 2*fish_mc. height);
8    if (goalX> = this. x) {
9        fish_mc. scaleX = 1;
10   } else {
11       fish_mc. scaleX = -1;
12   }
13
14   //定义 moveHandler()函数,实现鱼儿在鱼缸中遨游
15   function moveHandler (e:Event):void {
16       var dx:Number = goalX- fish_mc. x;
17       var dy:Number = goalY- fish_mc. y;
18       var dis:Number = Math. sqrt(dx*dx+dy*dy);
19       if (dis>10) {//判断距离目的地是否大于 10 像素
20           fish_mc. x += dx/10; //逼近 X 坐标距离间隔的十分之一
21           fish_mc. y += dy/10; //逼近 Y 坐标距离间隔的十分之一
22       }else{
23           //重新设定目的地
24           goalX = fish_mc. width+Math. random()* (stage. stageWidth- 2*fish_mc. width);
25           goalY = fish_mc. height+Math. random()* (stage. stageHeight- 2*fish_mc. height);
26           //判断是否需要鱼儿头朝左
27           if (goalX> = fish_mc. x) {
28               fish_mc. scaleX = 1;
29           } else {
30               fish_mc. scaleX = -1;
```

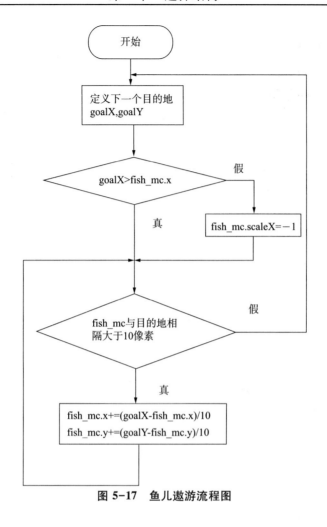

图 5-17　鱼儿遨游流程图

```
31              }
32          }
33      }
```

第 24~25 行　鱼儿在到达目的地附近后，重新随机生成下一个目的地，并存入变量 goalX 和 goalY。

第 27~31 行　根据鱼儿与目的地之间的位置关系判断是否需要调头以便鱼儿能向着目的地游过去。若目的地在鱼的左边，则需要将 fish_mc 头朝左，即 fish_mc. scaleX＝-1。

按 Ctrl+Enter 组合键测试代码效果。

▶▶ 5.3　开关分支

虽然 if…else if…else 语句可以实现多分支选择，但是如果分支比较多，程序代码将会变得比较冗长，并且阅读起来很难理解，在这种情况下，ActionScript 3.0 提供了 switch…case 语句来帮助进行多分支处理。

▶▶▶ 5.3.1 switch 语句

switch 语句同 if…else if…else 语句一样，也是根据条件来选择性地执行某段程序代码块。但不同的是，switch 一次将测试值与多个值进行比较判断，属于单条件测试，而 if…else if…else 语句用于对多条件并列测试，而不是测试一个条件是否满足。

 学一学

switch…case 语句提供对多个分支分别进行不同的处理的功能。该语句条理清晰，使用方便。一般形式如下：

```
switch(表达式){
    case 值 1:
        语句组 1;
        break;
    case 值 2:
        语句组 2;
        break;
            ⋮
    case 值 n:
        语句组 n;
        break;
    default:
        语句组 n+1;
        break;
}
```

在 switch 语句中，各语句组均可以由若干条语句组成。break 语句一般都放在该语句组的最后作为最后一条语句，在上面 switch 语句的格式中，为了清楚起见，这里标出了 break 语句，实际上它应该是相应语句组的一部分。

执行 switch 语句时，首先计算 switch 后面括号内表达式的值，然后将其结果值按前后次序依次与后面大括号内各个 case 后面的值（或表达式）进行比较。如果与某个 case 后面的值相等，就执行该 case 后面的语句组，进而执行 break 语句，用于停止继续执行下一个 case 并退出 switch 语句。若不相等，则一直往下比较其他 case 后面的值，若所有 case 后面的值都没有与 switch 后面的表达式值相匹配，就自动执行 default 后面的语句。流程图如图5-18所示。

虽然使用 default 语句并非必需的，但如果出现可能发生的结果之外的结果，则使用 default 用例来退出 switch 语句也是一个很好的做法。如没有这个语句呢，那它将直接跳出整个 switch 语句。

switch…case 语句执行过程，其实类似于登机的过程。在办登机手续时，航空公司会为每位乘客发放一张登机牌，上面注明了此次所乘航班的登机口。乘客需要将自己登机牌上的登机口与候机厅里的登机口标牌逐一核对，如果乘客的登机牌上登机口是 20，当乘客走到

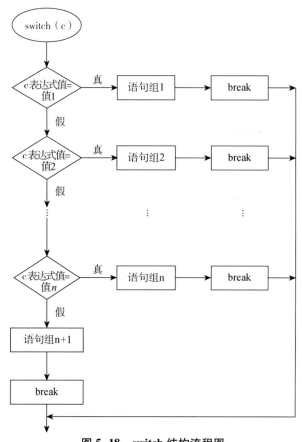

图 5-18　switch 结构流程图

第一个登机口，乘客就知道走这里不对，一直往前走，直到找到写着 20 号登机口的标牌，乘客就知道，是走这里进行登机。

乘客手上的登机口号实际就是你传进去的条件，通过这个登机口号对应寻找 case 的值，这里的 case 值其实就是各个登机口标牌。

虽然使用 if 语句也能实现这样的逻辑，做出同样的判断，但是写出来的代码会比较冗长且不直观，而用 switch 语句写出来，就能清楚地呈现有哪些不同的情况，对应哪些不同的结果，所以显得一目了然，更容易让人理解。

再举一个简单的例子来说明。一个箱子中有红球、绿球、蓝球和白球 4 种颜色的球若干个，你用手在箱子中随机摸出一个出来。如果是红球，则中一等奖；如果是绿球，则中二等奖；如果是蓝球，则中三等奖；如果是白球，则没有中奖。那么，用 switch 语句来模拟表示这种过程，伪代码如下：

```
switch(摸出来的球) {
    case "红球":
            trace("恭喜你,中了一等奖");
            break;
    case "绿球":
```

```
            trace("恭喜你,中了二等奖");
            break;
    case "蓝球":
            trace("恭喜你,中了三等奖");
            break;
    case "白球":
            trace("谢谢你的参与!");
            break;
    default:
            trace("谁这么无聊,把其他东西放入抽奖箱的?");
            break;
}
```

接下来再来举个小例子。例如,彩虹是气象中的一种光学现象,当阳光照射到半空中的水珠,光线被折射及反射,在天空上形成拱形的七彩光谱。彩虹的七彩颜色是(从外至内):红、橙、黄、绿、蓝、靛、紫,你可以通过 switch…case 语句把每种颜色对应的英文列出来,代码如下:

```
// 请指定中文颜色名字,输出对应的英文颜色名字
var color:String = "黑";
switch(color){
    case "红":
        trace("red");
        break;
    case "橙":
        trace("orange");
        break;
    case "黄":
        trace("yellow");
        break;
    case "绿":
        trace("green");
        break;
    case "蓝":
        trace("blue");
        break;
    case "靛":
        trace("cyan");
        break;
    case "紫":
```

```
        trace("purple");
        break;
    default:
        trace("彩虹中只有七种颜色,不包含你所指定的颜色!");
}
```

如果具有多种可能性，且每种可能性均可以用确定的值来表示，对应不同的结果，并且需要判断的逻辑关系只是是否相等，那么最好使用 switch 语句，而不是使用一系列 if…else if…else 语句。

- switch 后面的小括号表达式，允许为任何类型（整型，字符串等）。
- 每一个 case 后面的值（或表达式的值）必须互不相同，否则就会出现自相矛盾的现象。

案例 5-8：驾照准驾车型查询。

【案例分析】

司机都有属于自己的驾照，但必须按照驾照上面规定的准驾车型驾驶。表 5-2 是常见驾照代号与准驾车辆类型对应表。

表 5-2　常见驾驶证代号与准驾车型对应表

准驾车型	驾照代号	准驾的车辆	准予驾驶的其他准驾车型
大型客车	A1	大型载客汽车	A3、B1、B2、C1、C2、C3、C4、M
牵引车	A2	重型、中型全挂、半挂汽车列车	B1、B2、C1、C2、C3、C4、M
城市公交车	A3	核载 10 人以上的城市公共汽车	C1、C2、C3、C4
中型客车	B1	中型载客汽车（含核载 10 人以上、19 人以下的城市公共汽车）	C1、C2、C3、C4、M
大型货车	B2	重型、中型载货汽车；大、重、中型专项作业车	C1、C2、C3、C4、M
小型汽车	C1	小型、微型载客汽车以及轻型、微型载货汽车；轻、小、微型专项作业车	C2、C3、C4
小型自动挡汽车	C2	小型、微型自动挡载客汽车以及轻型、微型自动挡载货汽车	
低速载货汽车	C3	低速载货汽车（原四轮农用运输车）	C4
三轮汽车	C4	三轮汽车（原三轮农用运输车）	
转式自行机械车	M	轮式自行机械车	

本案例实现选择驾照类型，就可以查询到准驾车辆类型。案例中输入一种驾照类型，程序将输出对应的准驾车辆类型以及通过 vehicle_mc 影片剪辑显示对应的车辆图标。案例效果如图 5-19 所示。

图 5-19　查询准驾车型

为此需要定义字符串变量 license 用来存放驾照类型代码，定义字符串变量 vehicle 存储对应的准驾车型以及实现制作一个不同驾照类型对应的准驾车型影片剪辑，并在每帧上分别放置 A1，A2，…，C4 等驾照对应的驾驶车辆图。

在舞台上需要放置两个文本框实现输入和输出。一个是输入文本框用来输入驾照类型并将其实例命名为"license_txt"，另一个是动态文本框用来输出查询结果并将其实例命名为"result_txt"。除此之外，还需要放置一个查询按钮并将其实例命名为"ok_btn"。最后将事先制作用来显示不同准驾车型的影片剪辑也放入舞台中，并将其实例命名为"vehicle_mc"。

案例流程图如图 5-20 所示。

在主时间轴上新建代码层 as，并在第 1 帧添加程序代码。

【程序代码】

```
1    var license:String = "";//存储驾照类型
2    var vehicle:String = "";//存储对应准驾车辆
3
4    ok_btn. addEventListener(MouseEvent. CLICK, okHandler);
5
6    function changeHandler(e:Event):void{
7        license = license_txt. text;
8        switch(license){
9            case "A1":
10               vehicle_mc. gotoAndStop("A1");
```

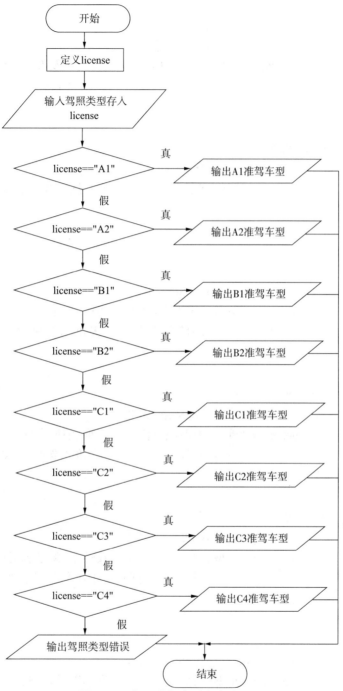

图 5-20　驾照准驾车型查询流程图

11　　　　　vehicle = "大型载客汽车及准予驾驶

12　　　　　　　　　　　　　　　　　　　　A3、B1、B2、C1、C2、C3、C4、M 车型";

13　　　break;

```
14
15          case "A2":
16              vehicle_mc. gotoAndStop("A2");
17              vehicle = "重型、中型全挂、半挂汽车列车及准予驾驶
18                                         B1、B2、C1、C2、C3、C4、M 车型";
19              break;
20
21          case "A3":
22              vehicle_mc. gotoAndStop("A3");
23              vehicle = "核载 10 人以上的城市公共汽车及准予驾驶
24                                              C1、C2、C3、C4 车型";
25              break;
26
27          case "B1":
28              vehicle_mc. gotoAndStop("B1");
29              vehicle = "中型载客汽车(含核载 10 人以上、19 人以下
30                          的城市公共汽车)及准予驾驶 C1、C2、C3、C4、M 车型";
31              break;
32
33          case "B2":
34              vehicle_mc. gotoAndStop("B2");
35              vehicle = "重型、中型载货汽车;大、重、中型专项
36                              作业车及准予驾驶 C1、C2、C3、C4、M 车型";
37              break;
38
39          case "C1":
40              vehicle_mc. gotoAndStop("C1");
41              vehicle = "小型、微型载客汽车以及轻型、微型载货汽车;
42                          轻、小、微型专项作业车及准予驾驶 C2、C3、C4 车型";
43              break;
44
45          case "C2":
46              vehicle_mc. gotoAndStop("C2");
47              vehicle = "小型、微型自动挡载客汽车以及轻型、
48                                      微型自动挡载货汽车";
49              break;
50
51          case "C3":
52              vehicle_mc. gotoAndStop("C3");
```

```
53                    vehicle = "低速载货汽车(原四轮农用运输车)
54                                              及准予驾驶 C4 车型";
55              break;
56
57        case "C4":
58                    vehicle_mc. gotoAndStop("C4");
59                    vehicle = "三轮汽车(原三轮农用运输车)";
60                    break;
61        default:
62                    vehicle = "输入驾照类型错误!";
63        }
64        result_txt. text = vehicle;
65    }
```

【代码说明】

第 1 行　定义字符串变量 license 用以存储所选择的驾照类型。

第 2 行　定义字符串变量 vehicle 用以存储所对应的准驾车型。

第 4 行　为查询按钮 ok_btn 注册鼠标单击事件侦听器,当被单击时,事件处理函数 okHandler( )将负责响应和处理。

第 7 行　从 license_txt 输入文本框获取输入的驾照类型,并存入变量 license。

第 8 行　switch 将变量 license 的值与其下列条件一一进行匹配,执行符合下列条件的指令。

第 9 行　如果 license 值等于 A1,则执行第 10~13 行代码,即 vehicle_mc 跳转到对应的帧上(帧标签"A1")显示准驾车辆图,同时根据驾照类型与准驾车辆对应表中的对应关系,将准驾车型数据存入 vehicle 变量中。

第 15~63 行　与第 9~13 行类似,不再赘述。

第 64 行　将 vehicle 的值显示在文本框中。

按 Ctrl+Enter 组合键测试代码效果。

▶▶▶ 5.3.2　break 语句

虽然前面在使用 switch 语句时同时使用 case 和 break,在 case 语句的最后,使用语句 break 跳出 switch 语句。但是其实 switch 语句中 break 语句不是必需的,而是可选的。那么,switch…case 语句中,如果没有 break 语句,会变得怎样呢?

 学一学

在 switch…case 语句中,如果没有 break 语句,则从相匹配的 case 语句开始执行,一直执行到碰到下一个 break 为止。下面来看看一周七天用英语怎么表示:

```
var day:String = "星期一";
switch(day){
    case "星期一":
```

```
            trace("Monday");
        case "星期二":
            trace("Tuesday");
        case "星期三":
            trace("Wednesday");
        case "星期四":
            trace("Thursday");
        case "星期五":
            trace("Friday");
        case "星期六":
            trace("Saturday");
        case "星期天":
            trace("Sunday");
    }
```

当执行上述代码时，会执行 case "星期一" 以及以后的所有语句，即输出每个 case 语句后面的 trace 语句里面的内容。为什么会出现这种情况呢？

switch…case 语句会从匹配的 case 语句部分不断地执行程序，直到碰到下一个 break 语句为止。由于这里故意没有在每一个 case 后面使用 break 语句，因此，在每个 case 语句都没有 break 语句的情况下，将执行全部的语句。一般情况 case 和 break 语句一定要一起使用，以免发生预期之外的结果。

依据情况的不同，有时故意不使用 break 语句反而能达到目的。例如，幼儿园规定，星期一、星期三、星期五必须穿校服，而星期二、星期四必须穿运动服。用 switch…case 语句很容易实现，代码如下：

```
var day:String = "星期一";
switch(day){
    case "星期一":
    case "星期三":
    case "星期五":
        trace("记得穿校服");
        break;
    case "星期二":
    case "星期四":
        trace("记得穿运动服");
        break;
    default:
        trace("不用上学的时候,可以随便穿衣");
        break;
}
```

在上面的程序代码中，由于星期一、星期三、星期五这三天都需要穿校服，结果是一样的，因此，将星期一、星期三和星期五这三种 case 相同对待，并且星期一和星期三之后都省略 break，这样无论是星期一或者是星期三，还是星期五都只会执行星期五后面的语句。同理，星期二、星期四这两种情况结果是一样的，因此，将星期二、星期四这两种 case 相同对待，并且在星期二之后省略 break，这样无论是星期二还是星期四，都只会执行星期四之后的语句。

case 不必有序，并且可以根据具体情况来让 case 跳转。

用一用

案例 5-9：将百分制转换为等级制。

【案例分析】

在学业成绩评定中，等级制逐步取代百分制，得到了广泛的应用，但有些科目仍旧在使用百分制来计分，这就需要将百分制分数转化为等级制。本案例将成绩的百分制转换为等级制，案例效果如图 5-21 所示。

图 5-21 将百分制转换为等级制

成绩评定一般分为优秀（A）、良好（B）、及格（C）、不及格（D）四等，和百分制的转换对应关系如下：80 分以上对应优秀（A），70~79 分对应良好（B），60~69 分对应及格（C），60 分以下对应不及格（D）。

百分制的范围是 0~100，如果使用 switch…case 语句来转换为等级制，则会有 100 种情况，而实际对应结果只有 4 种（A，B，C，D），因此，需要将百分制分数的范围缩小而又不影响对应关系。仔细观察，会发现将百分制分数整除 10 之后再进行转换将非常方便。百分制分数整除 10 之后的范围是 0~10，这样就可以得出如下对应关系：0~5 对应不及格（D），6 对应及格（C），7 对应良好（B），8，9，10 均对应优秀（A）。流程图如图 5-22 所示。

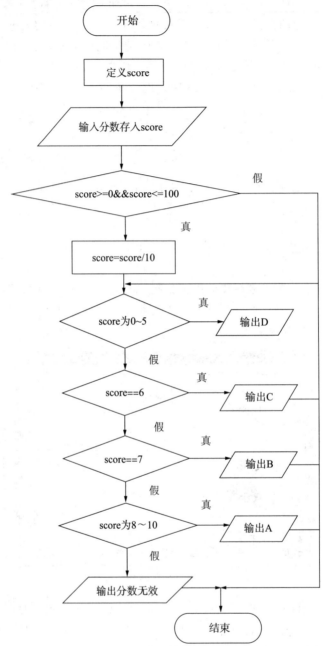

图 5-22　百分制转等级制流程图

在舞台上需要放置一个输入文本框（实例名为 "score_txt"）用来输入分数，还需要一个查询按钮（实例名为 "ok_btn"），最后还需要一个动态文本框（实例名为 "result_txt"）用来输出转化后的等级。

在主时间轴上新建代码层 as，并在第 1 帧添加程序代码。

【程序代码】

```
1      ok_btn. addEventListener(MouseEvent. CLICK, okHandler);
2
3      function okHandler(e:MouseEvent):void{
4          var score:int = int(score_txt. text);
5          // 确保有效的成绩才进行
6          if (score> = 0 && score< = 100){
7              score = score / 10;
8          }
9          // 进行匹配判断
10         switch (score){
11             case 0 :
12             case 1 :
13             case 2 :
14             case 3 :
15             case 4 :
16             case 5 :
17                 result_txt. text = "不及格(D)";
18                 break;
19             case 6 :
20                 result_txt. text = "及格(C)";
21                 break;
22             case 7 :
23                 result_txt. text = "良好(B)";
24                 break;
25             case 8 :
26             case 9 :
27             case 10 :
28                 result_txt. text = "优秀(A)";
29                 break;
30             default :
31                 result_txt. text = "输入的成绩无效!";
32                 break;
33         }
34     }
```

【代码说明】

第 1 行　注册查询按钮 ok_btn 的鼠标单击事件,并指定 okHandler( )函数负责响应和处理。

第 3 行　定义 okHandler( )函数。

第 4 行　获取在 score_txt 文本框中输入的成绩，并转化为整数存入 score 变量中。

第 6~8 行　判断输入的成绩是否在 0~100 之间，若是，则将 score 自身整除 10。

第 10 行　switch 语句开始。

第 11~18 行　判断 score 的值是否是 0、1、2、3、4 和 5 之中的一个，若是，则说明百分制成绩的范围是 0~59 之间。因此在 result_txt 文本框中输出"不及格（D）"。

第 19~21 行　判断 score 的值是否等于 6，若是，则说明百分制成绩的范围是 60~69 之间。因此在 result_txt 文本框中输出"及格（C）"。

第 22~24 行　判断 score 的值是否等于 7，若是，则说明百分制成绩的范围是 70~79 之间。因此在 result_txt 文本框中输出"良好（B）"。

第 25~29 行　判断 score 的值是否是 8、9、10 之一，若是，则说明百分制成绩的范围是 80~100 之间。因此在 result_txt 文本框中输出"优秀（A）"。

第 30~32 行　输入的成绩不在 0~100 之间的情况下，即不是有效输入，在 result_txt 文本框中输出"输入的成绩无效！"

按 Ctrl+Enter 组合键测试代码效果。

▶▶ 5.4　项目实战

项目名称：石头、剪刀、布猜拳游戏。

项目描述：

本案例来源于一款经典猜拳游戏：石头、剪刀、布。游戏里玩家和计算机同时出拳，展示各自的手势（"石头"、"剪刀"或"布"）。根据石头、剪刀、布互相克制的原则来决定胜负，即：

石头砸剪刀（石头胜）；

剪刀剪布（剪刀胜）；

布裹石头（布胜）；

双方出示了一样的手势，平局。

本案例中玩家一方和计算机一方进行猜拳游戏，该游戏能够显示本局结果以及记录双方各自胜、负以及平的局数，案例效果如图 5-23 和图 5-24 所示。

项目分析：

案例中，主要需要模拟玩家和计算机如何出拳以及出拳之后进行胜负判断。游戏按照先胜满 3 局则赢的规则，每局有三个状态，即胜、负和平，这里用一个奖杯图像代表胜一局。制作两个影片剪辑分别来模拟玩家和计算机出拳的动作，这两个影片剪辑包含 4 个关键帧，分别模拟未出拳以及石头、剪刀和布的出拳手势。只不过代表计算机出拳的影片剪辑手势方向向左，代表玩家出拳的影片剪辑手势方向向右。界面中需要呈现石头、剪刀和布三个按钮供玩家单击选择出拳手势，一旦玩家单击后，将会显示玩家的出拳手势；同时计算机也需要即时出拳，计算机该如何选择出拳，可以通过随机跳转到影片剪辑的第 2 帧、第 3 帧和第 4 帧来解决。

玩家和计算机出拳之后，根据相互克制的原则来判定胜负。但是由于程序无法直接理解出拳手势的含义，可以分别用一个数字来代表石头、剪刀、布这三种出拳，这里用 1 代表石头手势，2 代表剪刀手势，3 代表布手势。因此程序就可以根据表 5-3 所列的情形来判定胜负。

图 5-23　某局出拳及判定胜负画面

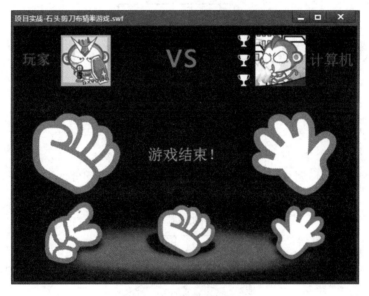

图 5-24　游戏结束画面

表 5-3　程序判定石头、剪刀、布游戏胜、负、平参考表

玩家	计算机	玩家胜、负、平结果
石头	石头	平
	剪刀	胜

续表

玩家	计算机	玩家胜、负、平结果
	布	负
剪刀	石头	负
	剪刀	平
	布	胜
布	石头	胜
	剪刀	负
	布	平

根据相互克制的原则来判定此局胜、负、平，若任何一方先胜满三局，则游戏结束，否则继续下一局比赛。

整个游戏执行过程如图 5-25 所示。

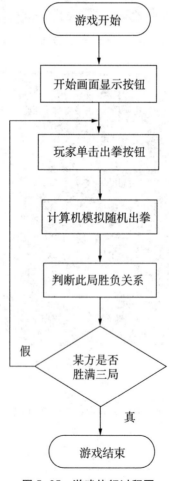

图 5-25 游戏执行过程图

制作步骤:

1. 游戏对象制作

（1）制作计算机出拳手势影片剪辑元件，第 1 帧为未出拳的默认状态，并加入 stop（）命令。第 2 帧为石头手势，第 3 帧为剪刀手势，第 4 帧为布手势。石头、剪刀和布出拳手势如图 5-26 所示。

图 5-26　计算机拳头手势影片剪辑石头、剪刀和布出拳手势

制作完毕后将此元件拖入舞台中间偏右位置，并设定其实例名为"computer_mc"。

（2）制作玩家出拳手势影片剪辑元件，第 1 帧为未出拳的默认状态，并加入 stop（）命令。第 2 帧为石头手势，第 3 帧为剪刀手势，第 4 帧为布手势。石头、剪刀和布出拳手势如图 5-27 所示。

图 5-27　玩家拳头手势影片剪辑石头、剪刀和布出拳手势

制作完毕后将此元件拖入舞台中间偏左位置，并设定其实例名为"player_mc"。

（3）制作显示奖杯数量的影片剪辑元件，第 1 帧为默认状态，无任何显示，但加入 stop（）命令。第 2 帧显示 1 只奖杯，第 3 帧显示 2 只奖杯，第 4 帧显示 3 只奖杯，第 2~4 帧内容如图 5-28 所示。

图 5-28　奖杯影片剪辑元件第 2~4 帧内容

制作完毕后，将奖杯影片剪辑拖到舞台上，置于舞台上端，分别将其实例命名为"playerCup_ mc"和"computerCup_mc"。

（4）制作剪刀、石头和布三个按钮供玩家进行选择，三个按钮如图 5-29 所示。

图 5-29　剪刀、石头和布按钮

将三个按钮拖入舞台下端，分别命名为"scissor_mc"、"stone_mc"和"cloth_mc"。

（5）在舞台上添加一个动态文本框，用于显示游戏结果，并将其实例命名为"result_txt"。

（6）在舞台上再添加代表玩家和计算机双方的头像及相关文字，这样舞台上的所有元素就准备齐全，之后按照图 5-30 所示进行布局。

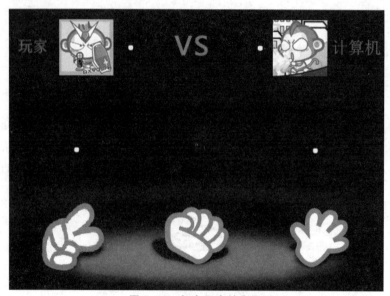

图 5-30　舞台元素的布局

（7）在主时间轴新建代码层 as，并在第 1 帧上添加程序代码。

2. 游戏程序设计

（1）声明变量用来存储玩家和计算机赢的局数以及玩家和计算机出拳手势。

```
1     var playerWins:int = 0; //存储记录玩家赢的局数
2     var computerWins:int = 0;//存储记录计算机赢的局数
3     var playerFist:int; //记录玩家出拳手势:1 代表石头,2 代表剪刀,3 代表布
4     var computerFist:int; //记录计算机出拳手势:1 代表石头,2 代表剪刀,3 代表布
5     var result_str:String = ""; //存储游戏结果
```

第 1 行　定义一个整型变量 playerWins 存储记录玩家赢的局数，初始化为 0。玩家每赢一局，playerWins 加 1。

第 2 行　定义一个整型变量 computerWins 存储计算机赢的局数，初始化为 0。计算机每赢一局，computerWins 加 1。

第 3 行　定义一个整型变量 playerFist 存储每局玩家的出拳手势。其中，数字 1 代表石头，2 代表剪刀，3 代表布。

第 4 行　定义一个整型变量 computerFist 存储每局计算机的出拳手势。其中，数字 1 代表石头，2 代表剪刀，3 代表布。

第 5 行　定义一个字符串变量 result_str，用来存储游戏结果，在每局游戏结束时，及时存储每局游戏结果并在 result_txt 动态文本框中显示每局游戏结果。

（2）为石头、剪刀和布三个手势按钮注册鼠标单击事件侦听器并指定 startHandler( ) 函数进行响应处理。

```
6      // 提供石头、剪刀、布三个按钮供玩家选择,并为它们注册鼠标单击事件侦听器
7      stone_mc. addEventListener(MouseEvent. CLICK, startHandler);
8      scissor_mc. addEventListener(MouseEvent. CLICK, startHandler);
9      cloth_mc. addEventListener(MouseEvent. CLICK, startHandler);
```

第 7 行　为石头手势按钮 stone_mc 注册 MouseEvent. CLICK 鼠标单击事件侦听器并指定 startHandler( ) 函数进行响应和处理。

第 8 行　为剪刀手势按钮 scissor _mc 注册 MouseEvent. CLICK 鼠标单击事件侦听器并指定 startHandler 进行响应和处理。

第 9 行　为布手势按钮 cloth _mc 注册 MouseEvent. CLICK 鼠标单击事件侦听器并指定 startHandler 进行响应和处理。

（3）定义 startHandler( ) 函数,根据双方的出拳手势进行胜负判断。首先需要判断玩家单击了哪个按钮,接下来需要模拟计算机随机出拳,进而判断此局双方的胜、负、平关系,最后判断游戏是否结束。

① 判断玩家出拳手势。

当石头、剪刀和布任一按钮上的鼠标单击事件发生后,系统会将事件对象传入 startHandler( ) 函数,这里指定在 startHandler( ) 函数里用 MouseEvent 类型变量 e 来接收传入过来的事件对象。通过 e. target 可以获取事件发生的对象,进而通过读取事件发送者对象（本案例为 stone_mc、scissor_mc 或 cloth_mc）的 name 属性值,即可返回字符串类型的按钮名字。当单击 stone_mc 时, e. target. name 返回字符串 " stone_mc "；当单击 scissor _mc 时, e. target. name 返回字符串 " scissor _mc "。同理,当单击 cloth_mc 时, e. target. name 返回字符串 " cloth_mc "。利用 switch … case 语句,逐一比较,即能确定所被单击的按钮名称并给 playerFist 赋相应的值,即若玩家选择石头, playerFist =1；若玩家选择剪刀, playerFist = 2；若玩家选择布,则 playerFist = 3。判断玩家出拳手势完毕后,将其手势在舞台上相应位置显示出来。

```
//定义 startHandler()函数
10      function startHandler ( e: MouseEvent ) : void {
11          //第 1 步,判断玩家出拳的手势
12          switch ( e. target. name ) {
13              case "stone_ mc" : //玩家选择了石头
14                  playerFist = 1;
15                  break;
16              case "scissor_ mc" : //玩家选择了剪刀
17                  playerFist = 2;
18                  break;
19              case "cloth_ mc" : //玩家选择了布
```

```
20              playerFist = 3;
21              break;
22          }
23      player_ mc. gotoAndStop ( playerFist+1) ; //根据玩家选择，显示玩家出拳手势
24  }
```

第 10 行　定义 startHandler( )函数，此函数用于对玩家单击石头、剪刀和布三个按钮事件进行响应和处理。

第 11~22 行　解析传入的事件对象，判断玩家选择的出拳手势，并将出拳手势对应的值存入变量 playerFist 中以便在计算机出拳后进行胜负判断。

第 23 行　根据玩家所单击的按钮显示玩家出拳的手势。由于 player_mc 影片剪辑中，第 1 帧为未出拳的默认状态，而第 2~4 帧分别放置剪刀、石头和布手势，因此 player_mc 在进行跳转显示玩家出拳状态的时候需要在 playerFist 变量值的基础上再加 1，即 player_ mc. gotoAndStop （playerFist+1）。

② 计算机随机出拳。

在玩家单击舞台上石头、剪刀或布按钮出拳后，接下来计算机需要及时出拳。由于计算机出拳的手势是随机的，因此这里需要随机生成一个数（范围为 2~4）对应 computer_mc 的第 2 帧，第 3 帧，第 4 帧。这样 computer_mc 随机跳转到 2~4 帧中的某帧上，即可模拟计算机出拳的手势。

```
//定义 startHandler()函数
10  function startHandler(e:MouseEvent):void{
11      //第 1 步,判断玩家出拳的手势
12      switch (e. target. name){
13          case "stone_mc" ://玩家选择了石头
14              playerFist = 1;
15              break;
16          case "scissor_mc" ://玩家选择了剪刀
17              playerFist = 2;
18              break;
19          case "cloth_mc" ://玩家选择了布
20              playerFist = 3;
21              break;
22          }
23      player_mc. gotoAndStop(playerFist+1); //根据玩家选择,显示玩家出拳的手势
24
25      //第 2 步,模拟计算机随机出拳的手势
26      computerFist = Math. floor(Math. random() *3+1);
27      computer_mc. gotoAndStop(computerFist+1); //显示计算机出拳的手势
28  }
```

第 26 行　本行将会产生一个 1~3 的随机整数并存入变量 computerFist 中。Math. random（）随机生成一个数 n（其中 $0 \leqslant n < 1$），Math. floor（）函数的作用是向下取整，例如，Math. floor（3.2）返回的值是 3。

第 27 行　根据随机生成的值，computer_mc 进行跳转以显示计算机出拳的手势。由于 computer_mc 第 1 帧为未出拳的默认状态，而第 2~4 帧分别放置剪刀、石头和布手势，因此 computer_mc 在进行跳转显示玩家出拳状态的时候需要在 computerFist 变量值的基础上再加 1，即 computer_mc. gotoAndStop（computerFist +1）。

③ 根据规则判断本局胜负。

在玩家和计算机均已出拳并显示的情况下，进行胜、负、平判断。如果玩家和计算机的出拳手势一样，即 playerFist == computerFist，则双方平局，将平局结果赋值给 result_str，否则需要根据规则进一步具体判断双方的胜负关系。

```
//定义 startHandler()函数
10    function startHandler(e:MouseEvent):void{
11        //第 1 步,判断玩家出拳的手势
12        switch (e. target. name){
13            case "stone_mc" ://玩家选择了石头
14                playerFist = 1;
15                break;
16            case "scissor_mc" ://玩家选择了剪刀
17                playerFist = 2;
18                break;
19            case "cloth_mc" ://玩家选择了布
20                playerFist = 3;
21                break;
22        }
23        player_mc. gotoAndStop(playerFist+1); //根据玩家选择显示玩家出拳的手势
24
25        //第 2 步,模拟计算机随机出拳的手势
26        computerFist = Math. floor(Math. random() * 3+1);
27        computer_mc. gotoAndStop(computerFist+1); //显示计算机出拳的手势
28
29        //第 3 步,根据规则判断本局胜负
30        if (playerFist == computerFist){
31            result_str = "这一局您和计算机打成平局!";
32        }else{
33        //进行具体判断
34            switch (playerFist){
35                case 1 ://玩家:石头
```

```
36              if (computerFist = = 2){//计算机:剪刀
37                  result_str = "这一局您赢了!";
38                  playerWins++;
39                  playerCup_mc. nextFrame();//显示玩家奖杯的状态
40              }else{//计算机:布
41                  result_str = "这一局您输了!";
42                  computerWins++;
43                  computerCup_mc. nextFrame();//显示计算机奖杯的状态
44              }
45              break;
46
47          case 2 ://玩家:剪刀
48              if (computerFist = = 1){//计算机:石头
49                  result_str = "这一局您输了!";
50                  computerWins++;
51                  computerCup_mc. nextFrame();
52              }else{//计算机:布
53                  result_str = "这一局您赢了!";
54                  playerWins++;
55                  playerCup_mc. nextFrame();
56              }
57              break;
58
59          case 3 ://玩家:布
60              if (computerFist = = 1){//计算机:石头
61                  result_str = "这一局您赢了!";
62                  playerWins++;
63                  playerCup_mc. nextFrame();
64              }else{//计算机:剪刀
65                  result_str = "这一局您输了!";
66                  computerWins++;
67                  computerCup_mc. nextFrame();
68              }
69              break;
70          }
71      }
72  }
```

第 34~70 行 在玩家和计算机出拳不一样的情况下判断胜负。利用 switch…case 语句，根据玩家出拳的手势，即 playerFist 的值和计算机可能的出拳手势，一一进行比较，根据表 5-3 列出的胜负判断关系进行胜负判断。若玩家胜，则记录玩家的胜利局数的变量 playerWins 加 1，同时在玩家一方通过 playerCup_mc 中的奖杯数量来显示玩家已赢取的局数。playerCup_mc 中有四帧，第 1 帧为默认状态，无奖杯；第 2 帧显示 1 个奖杯，第 3 帧显示 2 个奖杯，第 4 帧显示 3 个奖杯。由于采取先胜 3 局则赢制，因此任何一方最多只能显示 3 个奖杯。同理，若计算机此局胜利了，则记录计算机的胜利局数的变量 computerWins 加 1，同时在计算机一方通过 computerCup_mc 中的奖杯数量来显示计算机已赢取的局数。computerCup_mc 中也有四帧，第 1 帧为默认状态，无奖杯；第 2 帧显示 1 个奖杯，第 3 帧显示 2 个奖杯，第 4 帧显示 3 个奖杯。

④ 根据规则判断游戏是否结束。

根据规则，先胜 3 局的一方为赢方。因此在每局结束时，需要及时判断玩家或者计算机是否已赢满 3 局。若任何一方满足此条件，则游戏结束。游戏结束前还需要进行一些后续处理，例如取消石头、剪刀和布等按钮的鼠标单击事件侦听器，否则将会浪费系统资源。

```
//定义 startHandler()函数
10      function startHandler(e:MouseEvent):void{
11          //第 1 步,判断玩家出拳的手势
12          switch (e. target. name){
13              case "stone_mc" ://玩家选择了石头
14                  playerFist = 1;
15                  break;
16              case "scissor_mc" ://玩家选择了剪刀
17                  playerFist = 2;
18                  break;
19              case "cloth_mc" ://玩家选择了布
20                  playerFist = 3;
21                  break;
22              }
23              player_mc. gotoAndStop(playerFist+1); //根据玩家选择显示玩家出拳的手势
24
25          //第 2 步,模拟计算机随机出拳的手势
26          computerFist = Math. floor(Math. random() * 3+1);
27          computer_mc. gotoAndStop(computerFist+1); //显示计算机出拳的手势
28
29          //第 3 步,根据规则判断本局胜负
30          if (playerFist = = computerFist){
31          result_str = "这一局您和计算机打成平局!";
32          }else{
```

```
33          //进行具体判断
34          switch (playerFist){
35              case 1 ://玩家:石头
36                  if (computerFist = = 2){//计算机:剪刀
37                      result_str = "这一局您赢了!";
38                      playerWins++;
39                      playerCup_mc. nextFrame();//显示玩家奖杯的状态
40                  }else{//计算机:布
41                      result_str = "这一局您输了!";
42                      computerWins++;
43                      computerCup_mc. nextFrame();//显示计算机奖杯的状态
44                  }
45                  break;
46
47              case 2 ://玩家:剪刀
48                  if (computerFist = = 1){//计算机:石头
49                      result_str = "这一局您输了!";
50                  computerWins++;
51                  computerCup_mc. nextFrame();
52                  }else{//计算机:布
53                      result_str = "这一局您赢了!";
54                      playerWins++;
55                      playerCup_mc. nextFrame();
56                  }
57                  break;
58
59              case 3 ://玩家:布
60                  if (computerFist = = 1){//计算机:石头
61                      result_str = "这一局您赢了!";
62                      playerWins++;
63                      playerCup_mc. nextFrame();
64                  }else{//计算机:剪刀
65                      result_str = "这一局您输了!";
66                      computerWins++;
67                      computerCup_mc. nextFrame();
68                  }
69                  break;
70          }
71          }
```

```
72          }
73              //第 4 步,判断游戏是否结束,也就是判断任何一方是否赢满 3 局
74              if (playerWins = = 3 | |computerWins = = 3) {
75                  result_str  =  "游戏结束!";
76                  stone_mc. removeEventListener(MouseEvent. CLICK, startHandler);
77                  scissor_mc. removeEventListener(MouseEvent. CLICK, startHandler);
78                  cloth_mc. removeEventListener(MouseEvent. CLICK, startHandler);
79              }
80              result_txt. text  =  result_str;
81          }
```

第 74 行　判断玩家或者计算机是否已赢满 3 局。

第 75~78 行　在任何一方已赢满 3 局的情况下,则游戏结束。游戏结束前取消石头、剪刀和布等按钮的鼠标单击事件侦听器。

第 80 行　在 result_txt 中显示游戏结果。

按 Ctrl+Enter 组合键测试代码效果。

▶▶ 5.5　本章小结

本章中主要学习了以下内容。
- 程序中语句的执行顺序称为程序结构。
- 程序中有顺序、选择和循环三大结构。
- 顺序、选择和循环三大结构各自的特点。
- 无论计算机程序多么庞大和复杂,都是由顺序、选择和循环这三种结构组合形成的。
- 条件分支结构出现在程序需要做出决策的地方。
- 单分支结构 if 语句根据给定的某个条件进行判断,以决定是否执行某个分支程序段。
- 双分支结构 if...else 语句根据给定的某个条件进行判断,以决定执行两个分支程序段中的一个,用以实现如果……就……否则……的功能。
- 多分支结构 if...else if...else 根据给定的多个条件逐个进行判断,以决定执行对应的分支程序段。
- 开关语句 switch...case 提供对多个分支分别进行不同的处理功能,该语句条理清晰,使用方便。
- 在 switch...case 中的 break 语句用于跳出开关语句。
- 综合利用各种分支结构语句解决实际问题。

程序中常用英语单词含义如下表所示。

英　　文	中　　文
break	中断
case	情况、实例
else	否则
if	如果
mute	无声的
switch	开关、转换

课 ｜ 后 ｜ 练 ｜ 习

一、问答题

1. 在 ActionScript 3.0 中条件分支的作用是什么？

2. if 语句有几种不同的结构形式，各自有什么作用？

3. 开关语句结构中 break 语句的作用是什么？

二、判断题

1. 在 ActionScript 3.0 中只有顺序结构、选择结构和循环结构三种程序结构。（　　　）

2. if 语句中，判断条件有且只能有一个。（　　　）

3. if 嵌套语句中，else 总是与离它最近的 if 搭配。（　　　）

三、选择题

1. 下面有关 if…else 语句的叙述不正确的是（　　　）。

A. 判断条件的值为布尔值，要么是 true，要么是 false

B. 属于双分支结构，每个分支只能有一条语句

C. 判断条件为真时，执行 if 分支里面的语句

D. 判断条件为假时，执行 else 分支里面的语句

2. 下面关于 switch…case 开关语句的叙述正确的是（　　　）。

A. switch 括号里必须是一个确定的整数值　　　B. switch 括号里可以是表达式

C. 每个 case 语句中必须有一个 break 语句　　　D. default 语句不可省略

3. 下面叙述不正确的是（　　　）。

A. if…else 嵌套语句中 if 与 else 必须一一搭配

B. if…else 嵌套语句可以逐层地深入判断设定的多个条件

C. switch…case 可以平行地判断设定的多个条件

D. if…else 嵌套语句可以取代 switch…case 实现同样的功能

四、实操题

1. 某水果专卖店推出一项购买苹果的优惠活动，若购买 20kg 以上，则打 8 折；若购买 20kg 以下，10kg 以上，则打 9 折；若购买 10kg 以下，5kg 以上则打 95 折；5kg 以下按原价 5 元一千克出售，请设计一个程序，输入购买的千克数，输出应付款总额。

2. 世界卫生组织除了采用体重指数 BMI（body mass index）对肥胖程度进行分级外，还有另一种计算人体标准体重的方法，计算公式如下。

男性：标准体重 = （身高−80）×70%

女性：标准体重 = （身高−70）×60%

肥胖程序等级划分标准为：标准体重正负 10% 为正常体重；标准体重正负 10% ~ 20% 为体重过重或过轻；标准体重正负 20% 以上为肥胖或体重不足。

请设计一个程序，选择性别和输入身高、体重后，能够输出人的体重肥胖程度状况。

3. 深圳市将台风预警信号分为五级，分别以白色、蓝色、黄色、橙色、红色表示，各个预警信号含义如下。

白色：48 小时内可能受热带气旋影响，注意了解热带气旋的最新情况。

蓝色：24 小时内可能或者已经受热带气旋影响，平均风力 6 级以上，需做好防风准备。

黄色：24 小时内可能或者已经受热带气旋影响，平均风力 8 级以上，托儿所、幼儿园和中、小学停课。

橙色：12 小时内可能或者已经受热带气旋影响，平均风力 10 级以上，进入紧急防风状态，市民应留在室内或者到安全场所避风。

红色：6 小时内可能或者已经受热带气旋影响，平均风力 12 级以上，全市停业（特殊行业除外）。

请设计一个程序，选择预警信号后，能够输出对应的预警信号含义。

第6章　循环结构

🎓 **复习要点：**

程序三大结构

选择结构中各种分支语句的用法

开关语句的用法

💡 **要掌握的知识点：**

循环的含义

for 循环语句的使用

while 循环语句的使用

do…while 循环语句的使用

循环嵌套的使用

⚛ **能实现的功能：**

通过循环语句实现多次执行某段程序代码

通过循环语句实现固定次数的循环

通过循环语句实现次数不确定的循环

通过循环嵌套实现多重循环

通过 break 语句实现跳出循环

▶▶ 6.1　什么是循环

人的一生其实就是一个按天循环的过程。

程序设计时经常要通过反复地执行某一个动作来完成任务，这种反复的处理，对计算机而言是拿手好戏。一方面，计算机不像人类不断重复做相同的事时会产生腻味和烦躁的情绪；另一方面，计算机永远不会累，不像人类有体力问题，除非计算机出故障。

那么在利用程序来指示计算机反复 10 次相同的处理，是不是就必须写 10 次相同的程序代码呢？当然可以。但是若是需要反复 10 000 次呢？如果一定要反复 10 000 次撰写相同的程序代码，那么整个程序代码就会变得非常冗长，程序代码的可读性也会变得很差，写程序

122

的人和读程序的人都会崩溃。

因此，必须要在程序里面内建简单的语法，能轻松下达让计算机反复执行相同处理的指令。ActionScript 3.0 可以解决这个问题，这就是本章所要学习的循环结构语句。

循环结构是程序设计中一种非常重要的结构，大多数程序都包含循环结构。循环是在给定条件成立时，计算机反复执行某程序段，直到条件不满足为止。把给定的条件称为循环条件，反复执行的程序段称为循环体。

使用循环结构的目的就是减少重复代码，只要写很少的语句，让计算机反复执行某段程序，这样减少了代码的长度，提高了代码的清晰度，同时也大大减轻了程序员的工作量。

Flash ActionScript 3.0 中提供了 for 循环、while 循环和 do…while 循环三种循环语句，通过它们可以组成各种不同形式的循环结构。

▶▶▶ 6.1.1　for 循环

for 循环是三种循环结构中最常用也是最常见的循环，主要用来处理循环次数确定的循环问题，原则上任何循环结构都能用 for 循环构造。使用 for 循环时，需要预先设定一个记录循环次数的计数器，然后一边计数一边反复执行程序。

 学一学

for 循环语句的标准格式为：

for(表达式 1;表达式 2;表达式 3){
　　循环体语句;
}

但是，for 循环语句通常都是以如下的形式出现：

for(循环变量初始化表达式;循环条件表达式;增量表达式) {
　　循环体语句;
}

循环变量初始化表达式是一个赋值语句，它用来给循环控制变量，即循环变量赋初值；循环条件决定什么时候退出循环；增量表达式定义循环控制变量每循环一次后按什么方式变化，即每次循环变量要增减多少数值。这三个部分之间用"；"分开。

循环体语句为要循环执行的代码，直到达到指定循环次数。循环体语句可以由一条或者多条语句构成，甚至是零条语句。若循环体没有语句，则称之为空循环。

for 语句执行过程如下。

（1）执行循环变量初始化表达式；

（2）执行循环条件表达式，若循环条件满足，则执行第（3）步；否则转到第（5）步；

（3）执行循环体；

（4）执行增量表达式，然后重复执行第（2）步；

（5）结束 for 语句，执行 for 循环体后的语句。

for 循环语句执行流程图如图 6-1 所示。

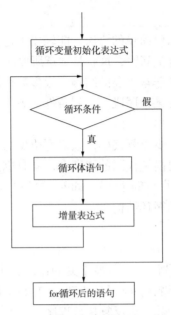

图 6-1　for 循环语句的执行流程图

通过上面的流程图，可以清晰地看到一个 for 循环由三个基本要素构成。

循环变量初始化表达式，通过它进行循环变量的初始化。循环变量初始化在执行循环前仅被执行一次。

循环条件检查，判断循环条件表达式的值的是真是假，循环条件检查发生在每次循环之前。

更新循环变量，通过增量表达式更新循环变量。每执行一回合循环，都要更新循环变量，使循环趋于结束。

在使用循环时，一定要仔细分析循环的三个要点，即从什么地方开始循环、什么情况下结束和反复做什么。

例如，下面的 for 循环语句能够跟踪循环变量。当 i 大于 10 时，循环将停止执行。

```
for(var i:int = 1;i < = 10;i++){
        trace("第"+i+"次循环");
}
trace("循环执行完毕了!");
```

运行以上程序，将会输出：

第 1 次循环

第 2 次循环

第 3 次循环

第 4 次循环

第 5 次循环

第 6 次循环

第 7 次循环

第 8 次循环

第 9 次循环

第 10 次循环

循环执行完毕了!

对于刚接触 for 循环的人,强烈建议亲自用笔在纸上模拟一遍循环的执行过程,记录循环变量、循环条件等在执行过程中的变化,这样就会比较容易理解 for 循环运作的方式。表 6-1 列出了上例循环语句在每次循环中循环变量与循环条件的变化及循环体执行情况。

表 6-1 for 循环在每次循环的细节

回合	循环变量 i	循环条件 (i<=10)	循环体	增量表达式 (i++)
1	1	1<=10,满足循环条件	输出"第 1 次循环"	i=2
2	2	2<=10,满足循环条件	输出"第 2 次循环"	i=3
3	3	3<=10,满足循环条件	输出"第 3 次循环"	i=4
4	4	4<=10,满足循环条件	输出"第 4 次循环"	i=5
5	5	5<=10,满足循环条件	输出"第 5 次循环"	i=6
6	6	6<=10,满足循环条件	输出"第 6 次循环"	i=7
7	7	7<=10,满足循环条件	输出"第 7 次循环"	i=8
8	8	8<=10,满足循环条件	输出"第 8 次循环"	i=9
9	9	9<=10,满足循环条件	输出"第 9 次循环"	i=10
10	10	10<=10,满足循环条件	输出"第 10 次循环"	i=11
11	11	11<=10,不满足循环条件,退出循环	停止执行	

下面的 for 循环语句也能够跟踪循环变量,这一次相应地更新语句对循环变量进行递减操作,当 i 小于 0 时,循环将停止执行。

```
for(var i:int = 10;i>0;i-- ){
        trace("倒数第"+i+"次循环");
}
trace("循环执行完毕了!");
```

运行代码,将会输出:

倒数第 10 次循环

倒数第 9 次循环

倒数第 8 次循环

倒数第 7 次循环

倒数第 6 次循环

倒数第 5 次循环

倒数第 4 次循环

倒数第 3 次循环

倒数第 2 次循环

倒数第 1 次循环

循环执行完毕了!

循环变量会在每次循环执行完毕后进行更新,根据更新的方式不同,分为正向计数和逆向计数两种。

正向计数,就是以递增的方式进行计数,比较常见的是在 for 循环中使用自增运算符(++)来计数。例如:

for (i = 1; i <= 100; i++)

这里循环次数为 100 次。

另外,还可以其他增量值进行计数,比如以 2 为单位,就使用 i+=2 的方式递增计数。

for (i = 1; i <= 100; i+=2)

这里循环次数就只有 50 次。

逆向计数,就是以递减的方式进行计数,一般是在 for 循环中使用自减运算符(--)来计数,例如:

for (i = 100; i >= 1; i--)

其实,正向与逆向需根据实际情况进行选择。下边两个 for 语句显然是等价的:

for (i = 1; i <= 100; i++) 和 for (i = 100; i >= 1; i--)

实际上,循环变量的起始值并不一定是 1,可以取其他值,它的增量也可以是其他值,但是为了使结构简单和程序清晰,都设定循环变量的值正好对应循环重复的次数。

其实,for 语句指定一个循环变量的初始值、一个循环条件以及一个更新循环变量的操作。在每次循环之前,先测试循环条件。如果条件满足,则执行循环体语句。并更新循环体变量进入下一次循环。如果条件不满足,则不执行循环体语句,程序继续执行循环体后的第一条语句。

A 用一用

案例 6-1:打印图案:打印一行 50 个星号。

【案例分析】

本案例要实现打印一行 50 个星号。很显然,直接定义一个包含 50 个 * 符号的字符串,然后让程序输出,也可以实现此功能,但不明智。利用 for 循环语句,将 * 符号不断拼接到一个字符串中,直至重复执行 50 次,这样就构成包含 50 个 * 符号的字符串,最后通过 trace( )语句将其输出即可。流程图如图 6-2 所示。

【程序代码】

```
1    var pattern_str:String = "";
2    for(var i:uint=0;i<50;i++){
3        pattern_str += "*";
4    }
5    trace(pattern_str);
```

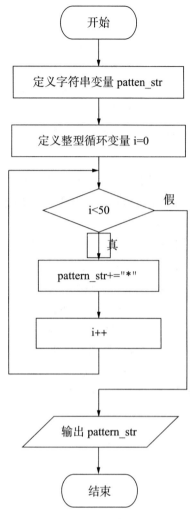

图 6-2　打印图案流程图

【代码说明】

第 1 行　定义了一个空字符串 patter_str，用来在后面的循环中向其不断拼接 ∗ 符号进去。

第 2 行　for 循环语句。定义循环变量 i，用来记录循环次数，并将其初始化为 0。由于需要循环 50 次，因此设定循环条件为 i<50。每循环一次，需要将循环次数加 1，即 i++。

第 3 行　循环体语句。每循环一次，将 ∗ 符号拼接入 patter_str 字符串中。当变量 i 值为 0 时，满足循环条件 0<50，for 循环开始执行循环体语句，即本行代码，执行完毕后，i 值加 1，接着循环下一次，如此反复，for 循环执行第 50 次之后，i 值为 50 将不再小于 50，循环条件变为 false，不再满足循环条件，for 循环到此结束，并且控制权移交到循环体外部。

第 5 行　输出构造好的 patter_str。输出的语句在循环体之外，目的是输出循环完毕之后的最终结果，而不是中间结果。

按 Ctrl+Enter 组合键测试代码效果。

如果循环体中包含两条或两条以上的语句，则形成复合语句，需要用 {} 将循环体语句括起来。如果去掉 {}，则只对第一条语句进行循环，容易出现错误。所以，不管循环体中有多少条语句，建议都用 " {} " 括起来。

案例 6-2：计算 1+2+3+···+100 的和。

【案例分析】

毋庸置疑，不可能在一行代码里写上 1+2+3+···+100 这样的语句来让计算机计算。这里借助循环语句帮助解决问题，控制计算机循环 100 次，每循环一次需要将 1，2，3，···，100 分别累加进去。具体操作思路如下。

根据算术运算的规则，就是先计算 1+2 的和，再加上 3 得到 1+2+3 的和，再加上 4 得到 1+2+3+4 的和，如此反复，最终加到 100，就完成了整个累加过程。

由于需要累加 100 次，因此需要定义一个循环变量来控制循环次数，但是由于每次记录循环次数的循环变量值与每次需要累加的数相等，因此循环变量还充当累加数的角色。

在每次累加的时候，需要将本次累加的数累加到上次累加之后的和中，因此为了得到各次累加的和，还需要一个变量 sum，用来存储每次累加之后的和，初始值设为 0。第 1 次累加将它加上 1，第 2 次将它加上 2，第 3 次将它加上 3······这样处理 100 次，就得到了从 1 累加到 100 的结果。流程图如图 6-3 所示。

【程序代码】

```
1    var sum:int = 0;
2    var i:int;
3    //for 循环语句实现累加
4    for(i = 1;i <= 100;i++){
5        sum = sum+i;
6    }
7    trace("1+2+3+···+100 的和为："+sum);
```

【代码说明】

第 1 行　创建变量 sum，用于存储每次累加的和，并将它的初始值设置为 0。

第 2 行　创建一个记录循环次数的变量，也是每次用来累加的数。

第 4~6 行　实现了在 i 小于 100 的情况下进行循环。在每次循环中，i 自身需要加 1，即 i++，然后将 i 的值累加到 sum。

第 7 行　实现了在累加完毕后，变量 sum 的值就是所求的值并将其输出。

循环变量不仅可以用来记录循环次数，而且还可以参与循环体中的计算。

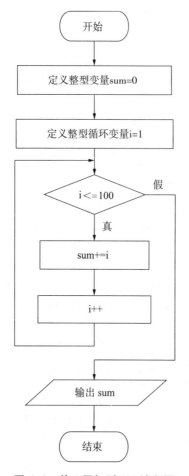

图 6-3　从 1 累加到 100 流程图

案例 6-3：漫天雪花效果。

【案例分析】

本案例实现漫天雪花的效果，如图 6-4 所示。

图 6-4　漫天雪花

要实现漫天雪花的效果，可以重复多次将雪花影片剪辑元件拖入到舞台上。这里采用程序动态地将库中的影片剪辑元件实例化添加到舞台上，不必手动拉入舞台。为了更加逼真地模拟雪花效果，每朵雪花的位置和大小随机分布即可。

在主时间轴上新建代码图层 as，并在第 1 帧添加程序代码。流程图如图 6-5 所示。

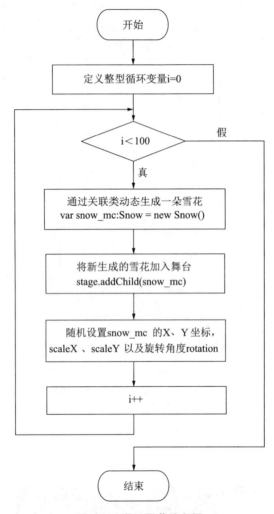

图 6-5　漫天雪花流程图

【制作步骤】

（1）制作一个雪花影片剪辑元件，如图 6-6 所示，目的是在舞台上重复利用。

图 6-6　雪花影片剪辑元件

（2）将雪花影片剪辑元件导出为类"Snow"。

将雪花影片剪辑元件导出为类。导出类的实现方法是：打开库面板，在创建的雪花影片剪辑元件上右击，选择【属性】，打开"元件属性"窗口，勾选"为 ActionScript 导出"，并在类输入框中输入"Snow"。如图 6-7 所示。

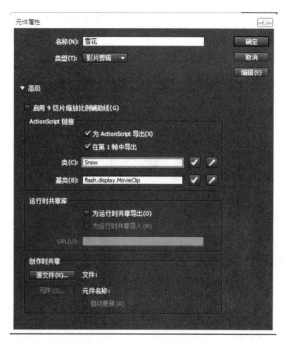

图 6-7　将雪花影片剪辑元件导出为"Snow"关联类

这里的"Snow"是雪花影片剪辑元件"为 ActionScript 导出"的类名，这个过程称为关联类。要想雪花影片剪辑元件实例化，在程序中还要使用 var 关键字来创建实例。

```
1    var snow_mc:Snow = new Snow ();
```

第 1 行　生成一个导出类型名为 Snow 的元件实例。这样在程序中就将雪花影片剪辑元件实例化了，并且命名为"snow_mc"。

（3）将生成的影片剪辑实例 snow_mc 添加到舞台。

```
2    this. addChild(snow _mc);
```

第 2 行　将动态生成的影片剪辑实例 snow_mc 添加到舞台。在将显示对象实例添加到舞台之前，显示对象不会出现在舞台上。这里 this 指舞台，addChild( )命令提供了将实例化对象添加到舞台上的功能。

（4）通过循环语句动态添加 100 朵雪花到舞台上。

```
1    for(var i:int = 0;i<100;i++){
2        var snow_mc:Snow = new Snow ();
3        this. addChild(snow _mc);
4    }
```

第 1 行　定义了一个 for 语句。定义循环变量 i，用来记录循环次数，并将其初始化为 0。由于需要循环 100 次，因此设定循环条件为 i<100。每循环一次，需要将循环次数加 1，即 i++。

在循环体中，将雪花影片剪辑元件实例化并添加到舞台上，在循环执行 100 次后，舞台上将添加 100 朵雪花。由于未指定每朵雪花的位置，那么它们都将默认位于舞台左上角坐标 (0，0) 处。

（5）随机设置每朵雪花的大小、位置及旋转角度。

```
1    for(var i:int = 0;i<100;i++){
2        var snow_mc:Snow = new Snow ();
3        this. addChild(snow _mc);
4        snow _mc. x = Math. random()* stage. stageWidth;
5        snow _mc. y = Math. random()* stage. stageHeight;
6        snow _mc. scaleX = snow _mc. scaleY = Math. random()* 0. 5+0. 5;
7        snow _mc. rotation = Math. random()* 360;
8    }
```

第 4~5 行　影片剪辑实例 snow_mc 在舞台上随机分布。stage. stageWidth 返回舞台的宽度。

第 6 行　影片剪辑实例 snow_mc 在舞台上随机缩放，且缩放范围控制在 50%~100%。为了保持每个影片剪辑实例 snow_mc 在缩放时不变形，这里设置横轴和纵轴方向等比例缩放。

第 7 行　影片剪辑实例 snow_mc 在舞台上随机旋转 0~360 度。

按 Ctrl+Enter 组合键测试代码效果。

习惯上，如果使用多个 for 循环语句，则循环变量通常命名为 i，j，k 等。

▶▶▶ 6.1.2　while 循环

for 循环比较常用，主要用于循环次数已确定的情形，但有很多时候事先是无法确定循环次数的，这就需要用到 ActionScript 3.0 提供的 while 和 do…while 循环语句。

 学一学

while 语句用来实现当型循环结构，所谓当型（while）就是先检验循环条件再运行。while 循环语句一般形式如下：

while (循环条件表达式) {
　　循环体语句
}

循环条件表达式可以是逻辑或者关系等表达式，循环体语句为要反复执行的语句。循环体如果包含一条以上语句，应该用花括号括起来，以复合语句形式出现。

在执行 while 语句时，首先判断循环条件表达式的值，如果为真，则执行循环体语句，然后重新判断循环条件表达式的值，如此循环反复。只要循环条件表达式的值为假，则立刻退出循环，并转到循环体后的语句。while 循环语句执行流程图如图 6-8 所示。

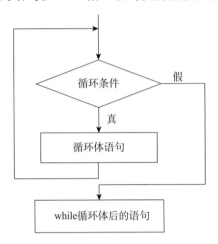

图 6-8　while 循环语句执行流程图

例如，运行下面程序，观察会出现什么结果。

```
var i:int = 1;
while(i< = 10){
    trace("第"+i+"次循环");
}
trace("循环结束了");
```

执行这段程序，会发现循环一直在运行，计算机变得异常缓慢直至崩溃。

为什么没有出现你所期望的 10 次循环呢？

其实，上面出现的情况就是典型的死循环。所谓死循环就是指没有外来条件的干扰，这个循环语句将永远执行下去。

为了找出问题所在，模拟执行一下上述程序。

第 1 次执行循环前，i=1，循环条件 i<=10 满足，因此会执行循环，输出"第 1 次循环"，循环体语句执行完毕，第一次循环结束。

第 2 次执行循环前，由于 i 的值未曾改变，仍然为 1，循环条件 i<=10 满足，输出"第 1 次循环"，循环体语句执行完毕，第二次循环结束。

由于 i=1 的值不变，导致循环条件 i<=10 总为真，并且程序无法改变条件，因为 i 不会改变自身值，所以循环将会一直执行下去。

因此，在循环体中应该有使循环趋向结束的语句，避免出现死循环。那么什么叫使循环趋向结束的语句呢？就是使循环条件表达式的值逐渐变为假的语句，只有循环条件表达式的值为假，循环才会结束！

在上述循环语句的循环体语句中加入使循环趋于结束的语句（这里以粗体表示）：

```
var int:i = 1;
while(i< = 10){
    trace("第+i+次循环");
    i++;
}
trace("循环结束了");
```

上述程序中只是在循环体中加入了 i++，在每次执行一遍循环后，变量 i 加 1，这样 i 的值将随着循环次数的增加而增加，执行完 10 次循环后，i 将变为 11，在执行 11 次循环前，循环条件 i< = 10 不再成立，循环结束。

while（表达式）后面不需要分号，如果有分号，系统会认为没有循环体语句，即为空循环，则不执行任何循环操作。

用一用

案例 6-4：精美图案制作。

【案例分析】

本实例中只需要手绘一个任意形状的图形，通过程序代码控制则可生成一幅精美图案，效果如图 6-9 所示。

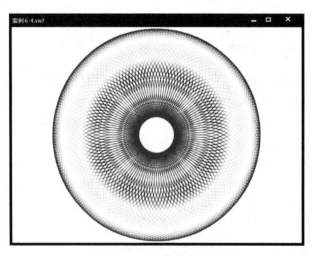

图 6-9 精美图案效果图

首先需要在元件库中设计制作一个手绘的图形影片剪辑，将其导出为"Pattern"关联类，具体方法参加案例 6-3。接着动态生成 120 个图形影片剪辑到舞台，每个新复制的影片剪辑按照顺序依次旋转 0°、3°、6°直至 360°，120 个图形影片剪辑依次旋转排列，组合成一幅精美图案。流程图如图 6-10 所示。

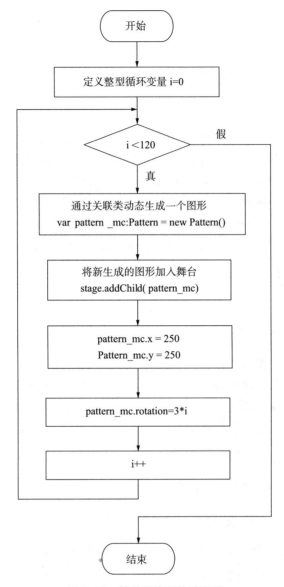

图 6-10　精美图案制作流程图

【程序代码】

```
1    var i:int = 0;
2    while(i<120){
3        var pattern_mc:Pattern = new Pattern();
4        this. addChild(pattern _mc);
5        pattern _mc. x = 275;
6        pattern _mc. y = 200;
7        pattern _mc. rotation = 3* i;
```

135

```
8        i++;
9    }
```

【代码说明】

第 1 行　定义循环变量 i，用来记录循环次数，并将其初始化为 0。

第 2 行　由于需要循环 120 次用来生成 120 个图形影片剪辑实例，因此设定循环条件为 i<120。

第 3 行　实现了生成一个导出类型名为 Pattern 的图形影片剪辑实例。

第 4 行　实现了将动态生成的图形影片剪辑实例 pattern _mc 加入舞台的功能。

第 5~6 行　定义了图形影片剪辑实例 pattern _mc 的放置位置。

第 7 行　实现了按照顺序，每个新图形影片剪辑旋转角度增加 3°，很显然第 i 次循环时，旋转角度就是 3 * i，rotation 是剪辑实例的旋转角度属性。

第 8 行　实现了每循环一次，循环次数加 1，更新循环变量的功能。接着再次判断循环条件是否满足。

按 Ctrl+Enter 组合键测试代码效果。

循环体如果不包括在花括号内，则 while 语句的范围只到 while 语句后面第一个分号处。因此建议不管有几条语句，最好将循环体语句放在花括号内，养成良好的编程习惯。

while 循环语句有可能一次都不执行。

1. 在使用 for 循环时如何避免死循环？
2. 案例 6-4 如何用 for 循环语句实现？

▶▶▶ 6.1.3　do…while 循环

除了当型循环语句 while 之外，ActionScript 3.0 还提供了直到型 do…while 循环语句，所谓直到型就是先运行一次循环体，检测到循环条件表达式值为真则接着循环。

do…while 循环语句一般形式为：

do{

　　循环体语句

}while (循环条件表达式);

循环条件表达式是循环的控制条件，它可以是任意类型的表达式，如条件表达式、逻辑表达式、算术表达式和常量等，但一般是条件表达式或逻辑表达式。

do…while 语句的执行过程是先执行一次指定的循环体语句，再判断循环条件表达式值是否为真，若值为真，则再次执行循环体语句，如此反复直到循环条件表达式的值为假，此时立刻结束循环，并转到循环体后的语句。流程图如图 6-11 所示。

　　通过流程图可知，无论循环表达式的值是真是假，do…while 语句都要执行一次循环体语句，这一点是 do…while 循环语句和其他循环语句不一样的地方。当遇到这种情况时，应该首先想起 do…while 循环语句！

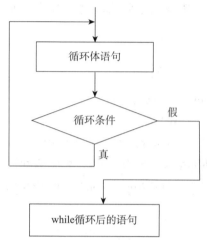

图 6-11　do…while 循环语句执行流程图

A 用一用

案例 6-5：模拟下雪效果。

【案例分析】

本案例模拟真实的下雪效果，如图 6-12 所示。

图 6-12　模拟下雪效果

为了模拟出大雪纷飞的效果，需要通过以下三个步骤完成。

（1）雪花在舞台上生成。

（2）雪花在舞台上飘落。

（3）雪花重回舞台顶部。

【制作步骤】

（1）雪花在舞台上生成。

建立一个雪花影片剪辑元件，并导出为"Snow"关联类，再利用循环语句在舞台上生成多个雪花影片剪辑，并且每个雪花大小随机。这个步骤与前面案例 6-3 类似，这里不再赘述。

```
1    var i:int = 0;
2    do{
3        var snow_mc:Snow = new Snow();
4        this. addChild(snow_mc);
5        snow_mc. scaleX = snow_mc. scaleY = Math. random()* 0.5 + 0.5;
6        snow_mc. x = Math. random()* stage. stageWidth;
7        snow_mc. y = Math. random()* stage. stageHeight;
8        i++;
9    }while(i<100);
```

第 1 行　定义了循环变量 i，用来记录循环次数，并将其初始化为 0。

第 2 行　开始 do… while 循环，该循环用来动态生成 100 朵雪花。

第 3 行　实现了生成一个导出类型名为 Snow 的元件实例。

第 4 行　实现了将动态生成的影片剪辑实例 snow _mc 加入舞台的功能。

第 5 行　实现了将生成随机大小的雪花，缩放比例为 50%～150%。scaleX 和 scaleY 分别用来在 X 轴和 Y 轴上缩放影片剪辑。属性值为 Number 类型，值为 1 代表缩放 100%。为了实现等比例缩放，scaleX 和 scaleY 值应该相等。

第 6~7 行　实现了随机设定新生成的雪花在舞台上的位置。

第 8 行　实现了每循环一次后，记录循环次数的变量 i 自身加 1，即 i++。

第 9 行　实现了循环条件的判断。每循环一次，即执行一遍循环体语句后，将再次判断循环条件是否满足。在程序中利用循环变量 i 来记录循环次数，每循环一次后，i 自身加 1，由于要循环 100 次，因此循环条件即为 i<100。

按 Ctrl+Enter 组合键测试代码效果，可以发现在舞台上出现了不同位置、大小的 100 朵雪花。

（2）雪花在舞台上飘落。

下面需要让每朵雪花都飘动起来。要让每朵雪花都飘动起来，可以为每朵新生成的雪花注册 ENTER_FRAME 进入帧事件侦听器，在其事件处理函数中改变每朵雪花的位置坐标，这样就可以让每朵雪花自然往下飘落。

```
1    var i:int = 0;
2    do{
3        var snow_mc:Snow = new Snow();
4        this. addChild(snow_mc);
```

```
5          snow_mc. scaleX = snow_mc. scaleY = Math. random()* 0. 5 + 0. 5;
6          snow_mc. x = Math. random()* stage. stageWidth;
7          snow_mc. y = Math. random()* stage. stageHeight;
8          i++;
9          snow_mc. addEventListener(Event. ENTER_FRAME,fallHandler);
10     }while(i<100);
11
12     function fallHandler(e:Event):void{
13          var snow = e. target ;
14          var dx:Number = Math. random()* 6- 3;
15          var dy:Number = Math. random()* 3;
16          snow. x += dx;
17          snow. y += dy;
18     }
```

第 9 行　为新生成的雪花影片剪辑注册进入帧事件侦听器,并指定 fallHandler() 函数来响应处理,该函数主要用来实现雪花飘落的功能。

第 12 行　定义了 fallHandler() 函数。

第 13 行　实现了解析事件对象并找出事件源,由于 100 朵雪花的进入帧事件均由 fall-Handler() 函数处理,因此在处理时,必须要知道事件源,即处理的对象,才不至于张冠李戴,这里 e. target 将返回每朵雪花。

第 14 行　定义了雪花每次下落过程中,水平随机飘动的幅度。为了更好地模拟雪花飘落的效果,需要避免雪花竖直下落,因此,需要横向随机飘动,这里设定横向随机飘动的幅度为-3 到 3。

第 15 行　实现了雪花每次下落过程中,竖直随机飘动的幅度,这里设置为 0 到 3。

第 16~17 行　实现了在每次降落过程中,更新到最新的位置。

按 Ctrl+Enter 组合键测试代码效果,可以发现舞台上的雪花不断往下飘落。

(3) 雪花重回舞台顶部。

当雪花飘到舞台底端时,再重新回到舞台顶端继续往下落,这样就形成了大雪纷飞的效果。这就需要在更新每朵雪花位置时,判断是否达到舞台底端,若是,则再次从舞台顶部往下飘落,并随机设置横向位置及大小。

```
1      var i:int = 0;
2      do{
3          var snow_mc:Snow = new Snow();
4          this. addChild(snow_mc);
5          snow_mc. scaleX = snow_mc. scaleY = Math. random()* 0. 5 + 0. 5;
6          snow_mc. x = Math. random()* stage. stageWidth;
7          snow_mc. y = Math. random()* stage. stageHeight;
8          snow_mc. addEventListener(Event. ENTER_FRAME,fallHandler);
```

```
9        i++;
10      }while(i<100);
11
12  function fallHandler(e:Event):void{
13      var snow:MovieClip = e. target as MovieClip;
14      var dx:Number = Math. random()* 6 - 3;
15      var dy:Number = Math. random()* 3;
16      snow. x += dx;
17      snow. y += dy;
18      if(snow. y >= stage. stageHeight){
19          snow. y =0;
20          snow. x = Math. random()* stage. stageWidth;
21          snow_mc. scaleX = snow_mc. scaleY = Math. random()* 0. 5 + 0. 5;
22      }
23  }
```

第 18~22 行　实现了判断雪花是否已经降落到舞台底端，若是，需要再次从舞台顶端开始往下飘落，并且 X 轴坐标值再次随机改变。

按 Ctrl+Enter 组合键测试代码效果，可以发现舞台上的雪花不断往下飘落。

在 do…while 语句中 while（表达式）语句后面的分号"；"必不可少。

案例 6-6：熊掌图案跟随光标移动。

【案例分析】

一串熊掌图案里后面一个熊掌图案紧跟前一个熊掌图案移动，形成老鹰捉小鸡游戏一样的效果，效果如图 6-13 所示。

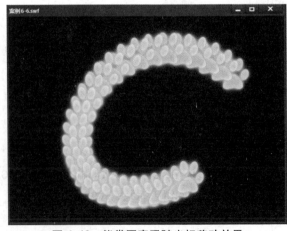

图 6-13　熊掌图案跟随光标移动效果

为了实现熊掌图案跟随光标移动效果，需要通过以下四个步骤完成。

（1）在舞台上生成一串熊掌图案。

（2）为舞台添加鼠标移动事件侦听器。

（3）指定第 1 个熊掌图案跟随光标移动。

（4）实现第 1 个之后的熊掌图案跟随光标移动效果。

【制作步骤】

（1）在舞台上生成一串熊掌图案。

首先设计制作一个熊掌图案动画元件，并将其导出为"Paw"关联类，接着通过 do…while 循环语句实现在舞台上动态生成多个熊掌图案实例，最后将生成的熊掌图案实例添加到舞台上。

```
1    var i:int = 0;
2    do{
2        var paw_mc: Paw = new Paw ();
3        this. addChild(paw_mc);
4        paw_mc. name = "paw"+i;
5        i++;
6    }while(i<30)
```

第 1 行　定义循环变量 i，用来记录循环次数，并初始化为 0。

第 2~6　do…while 循环语句。由于需要循环 30 次用来生成 30 个影片剪辑实例，因此设定循环条件为 i<30。每循环一次，需要将循环变量加 1，即 i++。每循环一次，生成一个导出类名为"Paw"的元件实例 paw_mc，并将生成的影片剪辑实例 paw_mc 加入到舞台。由于之后程序要控制每个生成的熊掌图案实例以实现熊掌图案跟随光标移动效果，因此这里需要设定熊掌图案影片剪辑实例 paw_mc 的 name 属性。指定影片剪辑的 name 属性值为"paw"+i，那么第 1 个为"paw0"，第 2 个为"paw1"，依此类推，之后就可以按照此名字获取影片剪辑实例。这里按照序号为新生成的影片剪辑设定 name 属性值，目的就是为了以后通过循环语句批量获取影片剪辑实例，并进行下一步控制处理。

（2）为舞台添加鼠标移动事件侦听器。

由于鼠标在舞台上每移动一下，就需要即时更新 30 个影片剪辑的位置。因此需要对舞台侦听鼠标移动事件，并定义响应函数进行处理。

```
7    stage. addEventListener(MouseEvent. MOUSE_MOVE,moveHandler);
8
9    function moveHandler(e:MouseEvent) {
10       //响应函数处理代码
11   }
```

第 7 行　侦听舞台上的鼠标移动事件，并指定 moveHandler( ) 函数进行响应处理。

第 9 行　定义了鼠标移动响应函数 moveHandler( )，该函数将负责实现熊掌图案跟随光标移动效果。

（3）设置第 1 个熊掌图案跟随光标移动。

鼠标在舞台上每移动一下，第 1 个熊掌图案影片剪辑的位置就需要紧跟光标位置，后面的熊掌再进行逐一跟随。设定第 1 个熊掌为标兵，需要时刻跟随光标，确定了标兵位置，之后的 29 个熊掌图案只需要分别紧盯和跟紧前一个熊掌图案即可。因此这里需要设定第 1 个熊掌图案跟随光标位置。

```
9      function moveHandler(e:MouseEvent) {
10         this. getChildByName("paw0"). x  =  this. mouseX;
11         this. getChildByName("paw0"). y  =  this. mouseY;
12     }
```

第 10~11 行　实现了第 1 个生成的熊掌图案影片剪辑随鼠标移动。影片剪辑提供了一个 getChildByName()方法用于通过 name 属性指定的名字获取影片剪辑实例。由于第 1 个熊掌图案影片剪辑的 name 属性值为"paw0"，因此，this. getChildByName（"paw0"）就获取了第 1 个熊掌图案影片剪辑实例。this. mouseX 和 this. mouseY 分别返回鼠标在当前舞台上的 X 轴坐标和 Y 轴坐标。

（4）实现其他熊掌图案跟随光标移动效果。

在第 1 个熊掌图案影片剪辑跟随光标移动之后，后续的熊掌图案需要后面跟前面。这里需要利用循环语句逐一更新每个熊掌图案的位置。

```
9      function moveHandler(e:MouseEvent) {
10         this. getChildByName("paw0"). x  =  this. mouseX;
11         this. getChildByName("paw0"). y  =  this. mouseY;
12         for (var j = 1; j<30; j++) {
13             var dx:Number  =  this. getChildByName("paw"+(j- 1)). x
14                                          - this. getChildByName("paw"+j). x;
15             var dy:Number  =  this. getChildByName("paw"+(j- 1)). y
16                                          - this. getChildByName("paw"+j). y;
17             this. getChildByName("paw"+j). x  + =  dx*0. 2;
18             this. getChildByName("paw"+j). y  + =  dy*0. 2;
19         }
20     }
```

第 12 行　for 循环语句。由于鼠标每移动一下，就需要即时更新 30 个熊掌图案影片剪辑的位置。因此，通过循环语句逐一重新设定每个熊掌图案影片剪辑的最新位置。定义循环变量 j，用来记录循环次数，并将其初始化为 1。由于需要循环 29 次（第 1 个熊掌图案影片剪辑自动跟随光标，不需要更新位置），因此设定循环条件为 j<30。每循环一次，需要将循环变量加 1，即 j++。

第 13~14 行　计算第 j 个熊掌图案与第 j-1 个熊掌图案在 X 轴上的距离，并存入变量 dx。

第 15~16 行　计算第 j 个熊掌图案与第 j-1 个熊掌图案在 Y 轴上的距离，并存入变量 dy。

第 17~18 行　实现第 j 个熊掌图案跟随第 j-1 熊掌图案的功能。在光标移动时，后一个熊掌图案跟随前一个熊掌图案移动。但是每次移动时后一个不可立即赶上前一个，否则就会与前一个熊掌图案重叠。因此，采取渐进逼近前一个熊掌图案的方式，这里设定逼近 20%的间隔距离。

（5）隐藏光标指针。

当光标在舞台上移动的时候，设定默认的指针消失。

21 Mouse. hide();

可以用 Mouse. show( ) 重新显现鼠标指针。

按 Ctrl+Enter 组合键测试代码效果。

循环变量不仅可以用来记录循环次数，而且还可以参与循环体中的计算。

案例 6-6：如何用 while 循环语句和 for 循环语句实现？

▶▶ 6.2　循环进阶

前面学习了三种循环语句 for、while 和 do…while，掌握了它们的基本用法，也能够解决一些问题。但在面对一些比较复杂的问题时，往往需要借助三种循环语句之间组合和嵌套来完成。有时候还需要更加灵活地控制循环，例如，在循环体内借助判断条件来决定是否提前结束循环或继续下一次循环以优化程序，提高效率。

▶▶▶ 6.2.1　循环嵌套

到目前为止，使用的都是一重循环，但是在很多种情况下需要使用双重，甚至是多重循环，也就是在一个循环语句的循环体中还包含循环语句，称之为"循环嵌套"。while 循环、do…while 循环和 for 循环不仅可以自身嵌套，而且还可以互相嵌套。

需要注意的是，循环嵌套的层数越多，导致程序越复杂，运行时间越长。一般常用的有双重循环和三重循环。在这里主要介绍双重循环，三重循环的原理类似于双重循环。

双重循环比较常见，例如，要填写一个 10 行 8 列的表格，那么按顺序填写第 1 行、第 2 行，依次填写，直到第 10 行，这是一个 10 次的循环；而在每一次循环中，要填写第 1 列、填写第 2 列，依次填写，直到第 8 列，这是一个 8 次的循环。此填写过程可以用以下代码表示：

```
for(var i:uint = 1;i< = 10;i++){
    // 填写第 i 行
    for(var j:uint = 1;j< = 8;j++){
```

```
        // 填写第 i 行第 j 列的单元格；
    }
}
```

双重循环时，外层循环执行一次，内层循环从头到尾执行一遍。这个概念对于初学者来说会不易理解。可以先不用理会外层循环，先想最里层的循环会怎么运作，再延伸到外层循环。先用纸笔模拟一遍变量在每一回合的变化，就比较容易理解了。

用一用

案例 6-7：打印九九乘法表。

【案例分析】

本案例打印九九乘法表，效果如图 6-14 所示。

图 6-14　九九乘法表

分析一下九九乘法表，第 1 行先从 1 开始，$1\times1=1$，2×1，…，9×1。再换到第 2 行，还是从 1 开始，$1\times2=2$，$2\times2=4$，依次类推，到第 9 行的时候，仍旧从 1 开始，$1\times9=9$，$2\times9=18$，…，$9\times9=81$。

从中可以发现每行变动的数字是列数，从 1 到 9，并且每项元素都是 $j\times i$ 的形式，这里 j 为所在的列，i 为所在的行。第 i 行第 j 列的元素就可以表示 $j\times i$。

假设外层循环变量，即行变量是 i，内层循环变量，即列变量是 j。当 i 等于 1 时，j 就从 1 到 9；当 $i=2$ 时，j 从 1 到 9，依此类推，当 $i=9$ 时，j 从 1 到 9。因此代码如下：

```
//循环打印 9 行
for(var i:unit = 1;i < = 9;i++){
    //循环打印第 i 行的第 1 列到第 9 列
    for(var j:uint = 1;j < = 9;j++;){
        //打印第 i 行第 j 列元素
        trace(j+"×"+i+" = "+j*i);
    }
}
```

由于 trace( ) 每打印一次默认换行，因此这里需要通过文本框输出。首先在舞台上建立一个文本框 result_txt，用来输出九九乘法表。接着定义一个字符串 display_str，用来存储要输出的内容。通过双重循环不断将要输出的元素 j×i 拼接到 display_str 中，循环完毕后，所要输出的元素内容全部构建完毕。最后一次性将字符串 display_str 内容赋值给动态文本框 result_txt，并显示最终的九九乘法表，流程图如图 6-15 所示。

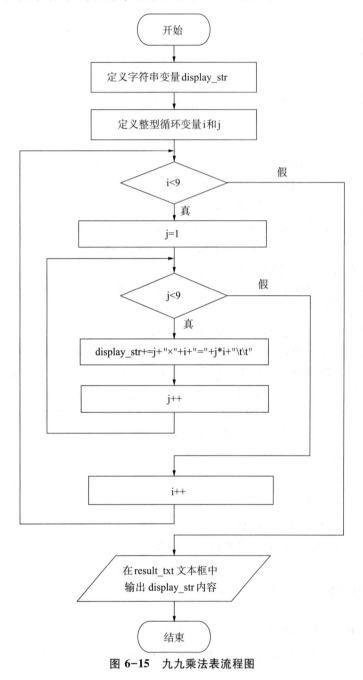

图 6-15　九九乘法表流程图

【程序代码】

```
1      var display_str:String = "";
```

```
2      var i,j:uint;
3      for(var i:uint = 1;i< = 9;i++){
4          for(var j:uint = 1;j< = 9;j++){
5              display_str += j+"×"+i+" = "+(j*i)+"\t\t";
6          }
7          display_str+ = "\n";
8      }
9      result_txt. text  =  display_str;
```

【代码说明】

第 1 行　定义字符串变量，用于存储需要显示的内容。

第 2 行　定义循环变量 i 和 j，分别用于控制外层和内层循环次数。

第 3 行　外层循环控制需要打印的行数。

第 4 行　内层循环控制每行打印的列数。

第 5 行　构造九九乘法表中第 i 行，j 从 1 到 9 循环，构造从第 i 行的第 1 列到第 j 列每个元素 j×i。根据上面的分析，每个单元元素按照左边的数为列数，右边的数为行数。利用 \ t 跳格符来间隔两个单元，以保持对齐格式。

第 7 行　在内循环结束后，即构造第 i 行的所有元素后，利用 \ n 进行换行，注意这里不能在内层循环中换行。

第 9 行　实现了将需要显示打印的内容在 result_txt 文本框中显示。

按 Ctrl+Enter 组合键测试程序代码，将会显示如图 6-14 的效果。但是实际上标准的九九乘法表每行不是固定 9 列，而是第 1 行先从第 1 列开始，1×1 = 1，乘到 1，再换到第二行，还是从第 1 列开始，1×2 = 2，2×2 = 4，乘到 2，依此类推，到第 9 行的时候，从第 1 列开始，乘到 9，1×9 = 9，2×9 = 9，…，9×9 = 81。从中可以发现，每项元素都是 j×i 的形式，j 为所在的列，i 为所在的行。第 i 行第 j 列的元素就可以表示为 j×i，每行的列是从 1 到 i。这里对上面程序第 3 行代码稍加修改即可。

```
1      var display_str:String = "";
2      for(var i:uint = 1;i< = 9;i++){
3          for(var j:uint = 1;j< = i;j++){
4              display_str += j+"×"+i+" = "+(j*i)+"\t\t";
5          }
6          display_str+ = "\n";
7      }
8      result_txt. text  =  display_str;
```

按 Ctrl+Enter 组合键测试程序代码，效果如图 6-16 所示。

图 6-16　标准九九乘法表

　　双重循环刚开始接触比较难以理解，下面用表格来说明，就可以清楚地看出九九乘法表程序中双重循环执行的过程，表 6-2 是这个双重循环每一回执行的结果。

表 6-2　for 循环在每次循环的细节

外层循环变量 i	内层循环变量 j	内层循环体（j * i）
i = 1	j = 1	1 * 1 = 1
外层循环第 1 回合执行完毕，内层循环执行了 1 个回合		
i = 2	j = 1	1 * 2 = 2
	j = 2	2 * 2 = 4
外层循环第 2 回合执行完毕，内层循环执行了 2 个回合		
i = 3	j = 1	1 * 3 = 3
	j = 2	2 * 3 = 6
	j = 3	3 * 3 = 9
外层循环第 3 回合执行完毕，内层循环执行了 3 个回合		
i = 4	j = 1	1 * 4 = 4
	j = 2	2 * 4 = 8
	j = 3	3 * 4 = 12
	j = 4	4 * 4 = 16
外层循环第 4 回合执行完毕，内层循环执行了 4 个回合		
i = 5	j = 1	1 * 5 = 5
	j = 2	2 * 5 = 10
	j = 3	3 * 5 = 15
	j = 4	4 * 5 = 20
	j = 5	5 * 5 = 25
外层循环第 5 回合执行完毕，内层循环执行了 5 个回合		

外层循环变量 i	内层循环变量 j	内层循环体（j * i）
	j = 1	1 * 6 = 6
	j = 2	2 * 6 = 12
i = 6	j = 3	3 * 6 = 18
	j = 4	4 * 6 = 24
	j = 5	5 * 6 = 30
	j = 6	6 * 6 = 36
外层循环第 6 回合执行完毕，内层循环执行了 6 个回合		
	j = 1	1 * 7 = 7
	j = 2	2 * 7 = 14
	j = 3	3 * 7 = 21
i = 7	j = 4	4 * 7 = 28
	j = 5	5 * 7 = 35
	j = 6	6 * 7 = 42
	j = 7	7 * 7 = 49
外层循环第 7 回合执行完毕，内层循环执行了 7 个回合		
	j = 1	1 * 8 = 8
	j = 2	2 * 8 = 16
	j = 3	3 * 8 = 24
	j = 4	4 * 8 = 32
i = 8	j = 5	5 * 8 = 40
	j = 6	6 * 8 = 48
	j = 7	7 * 8 = 56
	j = 8	8 * 8 = 64
外层循环第 8 回合执行完毕，内层循环执行了 8 个回合		
	j = 1	1 * 9 = 9
	j = 2	2 * 9 = 18
	j = 3	3 * 9 = 27
	j = 4	4 * 9 = 36
i = 9	j = 5	5 * 9 = 45
	j = 6	6 * 9 = 54
	j = 7	7 * 9 = 63
	j = 8	8 * 9 = 72
	j = 9	9 * 9 = 81
外层循环第 9 回合执行完毕，内层循环执行了 9 个回合		

两个循环嵌套时，第 1 个循环语句为外循环，第 2 个循环语句为内循环，外循环执行一次，内循环从头至尾执行一遍。

案例 6-8： 百钱百鸡问题。

【案例分析】

本案例来自一个经典的趣味数学题目，题目是这样的：用 100 元钱买 100 只鸡，公鸡、母鸡、小鸡都要有。公鸡 5 元 1 只，母鸡 3 元 1 只，小鸡 1 元 3 只。请问能买公鸡、母鸡、小鸡各多少只？

由于每种鸡的数目是不确定的，这里用到的是穷举算法。穷举算法的基本思想是：对问题的所有可能答案一一测试，直到找到正确答案或测试完全部可能的答案。因此需要利用三层循环对公鸡数、母鸡数和小鸡的数目分别进行尝试，如果在尝试过程中满足题中所要求的条件，则输出公鸡、母鸡和小鸡的数目。

这里设公鸡、母鸡、小鸡数分别为 cocks 、hens 和 chickens。利用双重循环在 cocks、hens 和 chickens 的取值空间上穷举所有可能的取值。只要满足 cocks+hens+chickens＝100 和 5×cocks+3×hens+chickens÷3＝100 两个条件。

由于价格的限制，如果只是一种鸡，则公鸡最多为 19 只（由于共 100 只鸡的限制，不能等于 20 只），母鸡最多 33 只。因此双层循环中，外层对公鸡数从 1～19 进行穷举，内层循环中对母鸡数从 1～33 进行穷举，流程图如图 6-17 所示。

【程序代码】

```
1      var cocks:int;
2      var hens:int;
3      var chickens:int;
4      for(cocks = 1;cocks<20;cocks++) {
5          for(hens = 1;hens<33;hens++) {
6              chickens = 100- cocks- hens;
7              if(5*cocks+3*hens+chickens/3 = = 100){
8                  trace("cocks = "+cocks+",hens = "+hens+",chicken =  "+chickens);
9              }
10         }
11     }
```

【代码说明】

第 1 行　定义了 cocks 变量，用来存储公鸡数量。

第 2 行　定义了 hens 变量，用来存储母鸡数量。

第 3 行　定义了 chickens 变量，用来存储小鸡数量。

第 4 行　外层循环控制公鸡数 cocks，根据题意，公鸡数只可能在 1～19 之间。

第 5 行　内层循环控制母鸡数 hens，根据题意，母鸡数值可能在 1～33 变化。

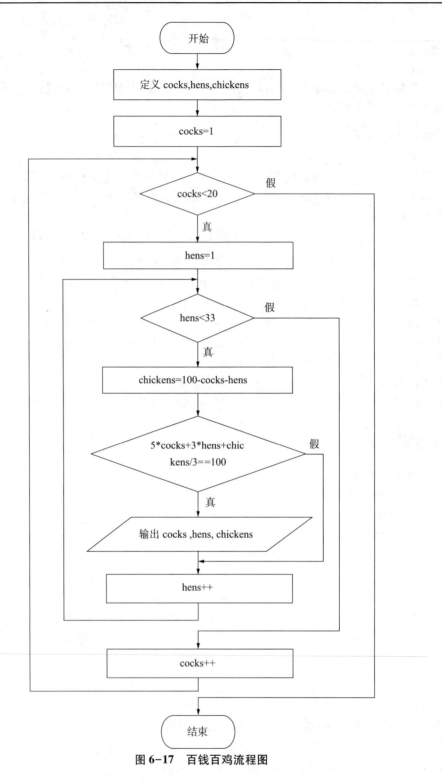

图 6-17 百钱百鸡流程图

第 6 行　在内外层循环控制下，小鸡数 chickens 的值受公鸡数 cocks 和母鸡数 hens 的值的制约。

第 7~9 行　实现了验证目前测试的公鸡数、母鸡数和小鸡数是否符合题意。如果符合，则输出当前这一组数目。

按 Ctrl+Enter 组合键测试代码效果。

 想一想

尽管类似"九九乘法表""百钱百鸡"这些案例可能有些难度，但对锻炼大家的编程思维颇为有益，想一想如何打印杨辉三角？

▶▶▶ 6.2.2　跳出循环

为了使循环控制更加灵活，可以在循环中使用条件分支，在指定的条件成立时，强行跳出循环，转向执行循环语句后的下一条语句。为此，ActionScript 3.0 提供了 break 语句，用于实现强行结束循环。break 语句可以优化程序，提高效率，不让程序多做无用功。

例如，要让程序从一个庞大的花名册列表中找出某个人的名字，程序会利用循环语句从第 1 个名字开始逐个往下找，一旦找到，利用 break 语句提前结束查找过程，就不会接着往下再找，这样大大提高了查找效率，除非要找的名字在最后面。

 学一学

break 语句的一般格式为：

break;

在循环语句里，无论是 for，while 还是 do…while，如果想在某些条件成立时跳出循环，就可以使用 break 语句。

这里用 while 循环做个范例，语法如下：

```
while(条件表达式 1){
    ⋮
    if(条件表达式 2){
        break;
    }
    ⋮
}
```

例如，运动会上参加 3 000 米比赛，要围绕操场跑 10 圈，如果中途体力不支，可以提前退赛。用伪代码表示如下：

```
while(已跑的圈数<＝10 ) {
    if(体力不支）{
        break;   // 提前退出
    }
    跑一圈；
}
```

在上面循环中，开跑每圈前，都检查一下能否继续跑，如果体力不支，则程序执行 break 语句，直接跳出 while 循环，而不管此时圈数是否到达 10 圈，提前结束循环。

用 for 循环示范，语法如下：

```
for( 表达式 1; 表达式 2; 表达式 3){
      ⋮
    if(条件表达式){
      break;
    }
      ⋮
}
```

看看以下代码循环执行了多少次：

```
for(var i:int = 1;i< = 10;i++){
    if(i == 3){
            break;
    }
    trace("第"+i+"次循环");
}
```

程序执行结果如下：

第 1 次循环
第 2 次循环
第 3 次循环

之所以执行了 3 次，是因为当循环变量 i 等于 3 时，执行了 break 语句，跳出了循环。

特别要注意的是，break 只能结束 break 语句所处的循环层，跳出当前循环层。当程序中包含双层或多层循环时，如果在内层循环中使用 break 语句，则只能强行跳出内层循环，而外层的循环还将继续。

用一用

案例 6-9：判断给定的自然数是否为素数。

【案例分析】

本案例能判断任意输入的一个整数是否为素数。在舞台上，放置一个输入文本框（实例名为"number_txt"）用来输入判断的整数，加入一个"确定"按钮（实例名为"ok_btn"），除此之外，还需要放置一个显示结果的文本框（实例名为"message_txt"）。当用户在 number_txt 文本框中输入自然数后，单击 ok_btn 按钮，程序将进行运算和判断，运行效果如图 6-18 所示。

素数又称质数，它是只能被 1 和它本身除尽的自然数。也就是说素数只有 1 和它本身两个约数，它只能表示为 1 和它本身的乘积。在程序中一般用取模运算来判断某数是否能

图 6-18　判断素数

被另外一个数整除。例如 8%4 = = 0，余数为 0，表示 8 能被 4 整除。

为了判断出一个自然数 n 是否为素数，需要逐一判断 n 能否被 2 到 n-1 之间的整数整除。一旦碰到一个数 n 满足条件，那么 n 就不是素数，之后的数也就没必要继续判断能否整除 n 了。为此，使用一个 for 循环分别将需要判断的数 n 逐一与 2 到 n-1 进行取模运算，如果余数为 0，则表示可以整除。当 n 不能被 2 到 n-1 的任何一个数整除的时候，则 n 为素数，否则不是素数，流程图如图 6-19 所示。

【程序代码】

```
1    var n:int = 0;//存储输入的数字
2    var isPrime:Boolean = true;//标志是否为素数
3
4    ok_btn. addEventListener(MouseEvent. CLICK, okHandler);
5
6    function okHandler(e:MouseEvent):void{
7        n = int(number_txt. text);//读取 number_txt 文本框里的整数
8        for (var i:int = 2; i< = n- 1; i++){
9        //如果能被 2 到 n- 1 之间的任意数字整除
10            if (n% i = = 0){
11                    isPrime = false;
12                    break;
13            }
14        }
15        if (isPrime = = true){
16            message_txt. text = n + "是素数";
17        }else{
18            message_txt. text = n + "不是素数";
```

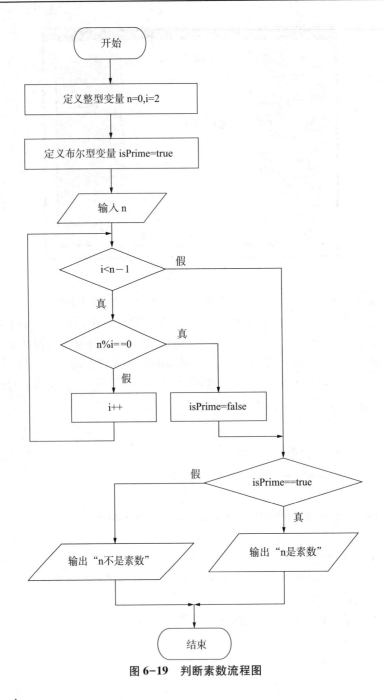

图 6-19 判断素数流程图

```
19          }
20          n = 0;
21          isPrime = true;
22      }
```

【代码说明】

第1行 定义了一个整型变量 n，用来存储用户输入的整数。

第2行 定义了一个布尔型变量 isPrime，初始值为 true。用来标志在进行素数判断的运算过程中是否已经发现有 2 到 n-1 之间的数整除 n 了，若有，则将 isPrime 赋值为 false，表示 n 不是素数。

第4行 注册确定按钮 ok_btn 的鼠标单击事件侦听器，并指定 okHandler( ) 函数负责响应和处理。

第6行 定义 okHandler( ) 函数，用来判断输入的整数是否为素数。该函数会在 ok_btn 被单击后自动调用执行。

第7行 读取 number_txt 文本框中的数据，由于读取的数据类型是字符串，因此将其进行强制类型转换为整型，并赋值给整型变量 n。

第8~14行 使用一个 for 循环分别将需要判断的整数 n 和 2 到 n-1 逐一进行取模运算，如余数为 0 则表示可以整除，一旦有一个数被整除，则意味着 n 为非素数。此时就没必要，也不应该继续进行循环判断之后的数能否整除 n，而是立即跳出循环。跳出之前，需要将布尔变量 isPrime 赋值为 false，表示 n 已经被确定为非素数。

第15~19行 如果 for 循环完毕，isPrime 的值仍旧是 true，则表示程序把 n 与 2 到 n-1 之间的所有数均做了取模运算，未发现任何一个数能整除 n，因此此时可以判定 n 是素数，并在 message_txt 文本框中显示 n 是素数。否则在 message_txt 文本框中显示 n 不是素数。

第20~21行 将 n 和 isPrime 复位，重新设置为初始值，以便进行下一次判断。

按 Ctrl+Enter 组合键测试代码效果。

案例6-10：趣味数学之有多少鸡蛋。

一个农妇提着一篮子鸡蛋去卖，在路上被一辆汽车撞了一下，所有的鸡蛋全打碎了。司机想赔给她钱，问她总共有多少鸡蛋。农妇说："我不知道，只记得我每次一对一对拿时，则剩 1 个，每次 3 个 3 个拿时则剩 2 个，每次 5 个 5 个拿时则剩 4 个，请你算算，有多少个鸡蛋?"

【案例分析】

由于每次拿两个则剩下一个，每次拿 3 个剩 2 个，每次拿 5 个剩 4 个，因此鸡蛋总数被 2 整除余 1，被 3 整除余 2，被 5 整除余 4。鉴于篮子里的鸡蛋数目不确定，程序可利用循环语句对鸡蛋数 eggs 的各种可能值进行尝试和判断，直到满足农妇所说的条件，这里可使用 break 语句退出循环，流程图如图 6-20 所示。

【程序代码】

```
1    var eggs:int = 1;
2    while(true){
3        if(eggs% 2 == 1 && eggs% 3 ==2 && eggs% 5 == 4){
4            trace("鸡蛋总数是:"+eggs);
5            break;
6        }
7        eggs++;
8    }
```

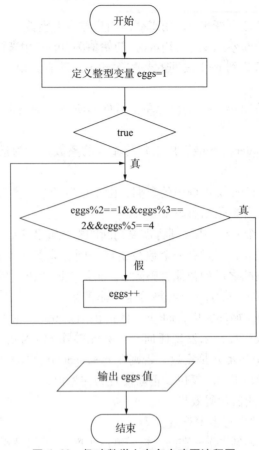

图 6-20 趣味数学之有多少鸡蛋流程图

【代码说明】

第 1 行 定义了变量 eggs，用来记录所尝试的鸡蛋个数，并将其初始化为 1。

第 2 行 由于事先不确定循环次数，这里设定循环条件永为真，但在循环体有 break 语句强行跳出循环。

第 3 行 判断当前所尝试的鸡蛋数是否满足题中所要求的条件。

第 4~5 行 如果鸡蛋数满足题中所要求的条件，则打印鸡蛋数且强行跳出循环，不再继续进行尝试后面的数。

第 7 行 若此次尝试的鸡蛋数不符合条件，则将尝试的鸡蛋数加 1，再进行下一次循环。

按 Ctrl+Enter 组合键测试代码效果。

▶▶▶ 6.2.3 继续下次循环

break 语句可以立即结束执行当前的循环体语句，跳出本层循环。还有一种情况，如果想在某些条件成立时，只是结束本次循环，回到循环的开头，继续下一次的循环，而不用跳出本层循环，则可以使用 continue 语句。

例如，要让程序从一个庞大的花名册列表中找出某个人的名字，并修改其个人信息。程序会利用循环语句从第一个名字开始逐个往下找，如果不是，利用 continue 语句，跳出执行修改个人信息语句。接着执行下一次循环，继续往下找，直到找到，并执行修改其个人信息语句，这样大大提高了程序执行的效率。

 学一学

continue 语句的一般格式为：

continue;

在循环语句中，无论是 for，while 还是 do...while，如果想在某些条件成立时结束本次循环，转向下一次循环，就可以使用 continue 语句。continue 与 break 类似，都是跳出循环。不同之处是 break 是跳出本层循环，在跳出循环之后，将不再测试循环条件，不再进入循环；而 continue 是跳出本次循环，不再执行 continue 后面的循环体其余语句，在跳离本次循环后，立即测试循环条件，再次进入循环。

这里还是用 while 循环做范例，语法如下：

```
while(条件表达式 1){
    ⋮
    if(条件表达式 2){
        continue;
    }
    ⋮
}
```

例如，某女着急结婚，正忙着相亲，如果对男生满意，则继续往下交往，直至结婚，否则继续相亲。用伪代码表示如下：

```
while(某女想结婚){
    与男士相亲;
    if(对此男生不满意){
        continue;
    }
    约会;
    见家长;
    订婚;
    结婚;
}
```

在上面循环中，某女每相完一次亲，都要看对男方是否满意，如果不满意，则停止后续交往，提前结束本次循环，开始下一次循环，即接着与下一位男士相亲。

用 for 循环语句示范，语法如下：

```
for(表达式 1;表达式 2;表达式 3){
    ⋮
    if(条件表达式){
        continue;
    }
    ⋮
}
```

看看如下代码循环执行了多少次。

```
for(var i:int = 1;i< = 5;i++){
    if(i == 3){
            continue;
    }
    trace("第"+i+"次循环");
}
```

程序执行结果如下：

第 1 次循环

第 2 次循环

第 4 次循环

第 5 次循环

结果中没有输出"第 3 次循环"这个字符串，这是因为当循环变量 i = 3 时，执行了 continue 语句，跳出了本次循环，没有执行后面的 trace 语句

continue 语句对于 while 和 do…while 循环而言，功能是跳过循环体的其余语句，转向循环终止条件的判断；而对 for 循环而言，其功能是跳过循环体其余语句，转向执行循环变量增量表达式，然后再判断循环条件决定是否继续下一次循环。

A 用 一 用

案例 6-11：将 12 张图片以 3 行 4 列明暗交替排列。

【案例分析】

本案例实现将 12 张图片以 3 行 4 列，并且明暗交替的方式排列，效果如图 6-21 所示。

图 6-21 照片明暗交替排列

.

　　首先制作一个照片序列影片剪辑元件，将所有照片放在各个关键帧上，如图 6-22 所示。然后通过复制此影片剪辑元件动态生成 12 个影片剪辑实例到舞台上，每个影片剪辑随机停在某帧，即可随机呈现照片。要实现 3×4 方式排列，可以通过双重循环语句实现，外层控制行数，内层控制列数。要实现明暗交替效果，只需设置处于奇数列的影片剪辑的透明度为 50% 即可，偶数列的透明度为 100%。

图 6-22　照片影片剪辑元件

　　这里将照片序列影片剪辑元件导出为 "Picture" 关联类，如图 6-23 所示。以便程序将影片剪辑元件动态生成 12 个影片剪辑实例到舞台上。

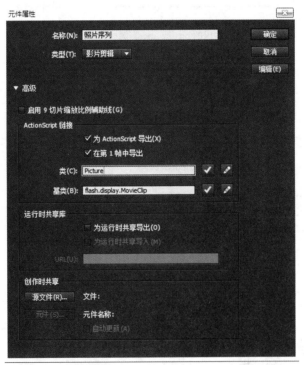

图 6-23　将照片序列影片剪辑元件导出为 "Picture" 关联类

　　流程图如图 6-24 所示。

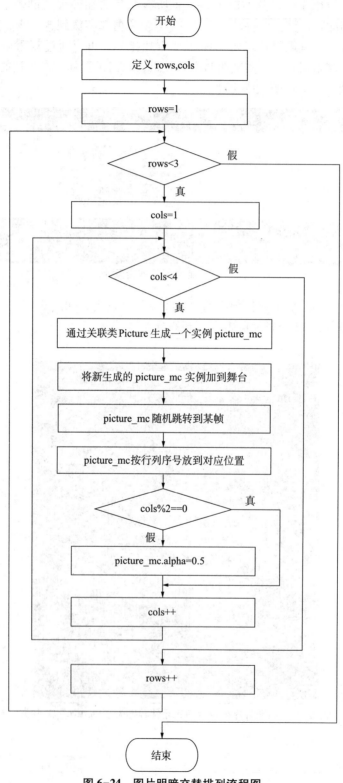

图 6-24 图片明暗交替排列流程图

在主时间轴上新建代码层 as，并在第 1 帧加入程序代码。

【程序代码】

```
1      for(var rows:uint = 0; rows <3; rows ++){
2          for(var cols:uint = 0; cols <4; cols ++){
3              var picture_mc:Picture = new Picture();
4              this. addChild(picture_mc);
5              var rndFrame:int = Math. ceil(Math. random()*picture_mc. totalFrames);
6              picture_mc. gotoAndStop(rndFrame);
7              picture_mc. x = cols * picture_mc. width;
8              picture_mc. y = rows * picture_mc. height;
9              if (cols % 2 == 0){
10                 continue;
11             }
12             picture_mc. alpha = 0. 5
13         }
14     }
```

【代码说明】

第 1 行　外层循环控制行号 rows，行号在 0 到 2 之间。

第 2 行　内层循环控制列号 cols，列号在 0 到 3 之间。

第 3 行　动态生成影片剪辑实例。

第 4 行　将生成的影片剪辑实例添加至舞台。

第 5 行　随机生成一个指定范围的帧编号，totalFrames 是影片剪辑的只读属性，是影片剪辑总的帧数。Math. ceil( ) 与 Math. floor( ) 类似，前者用于向上取整，后者用于向下取整。例如，Math. ceil（1. 2）返回值为 2，而 Math. floor（1. 2）返回值为 1。

第 6 行　影片剪辑跳转到指定的帧，从而随机显示照片。

第 7 行　设定新添加影片剪辑的 X 坐标。影片剪辑 X 坐标只与它所处的列号相关，具体关系为：影片剪辑 . x = 列号 * 影片剪辑宽度。

第 8 行　设定新添加影片剪辑的 Y 坐标。影片剪辑 Y 坐标只与它所处的行号相关，具体关系为：影片剪辑 . y = 行号 * 影片剪辑高度。

第 9～11 行　判断当前影片剪辑是否处于偶数列，若是，则后面处理影片剪辑的代码不用执行，利用 continue 语句直接跳入下一次循环。

第 12 行　不是偶数列，则将影片剪辑的透明度值设为 0. 5。

按 Ctrl+Enter 组合键测试代码效果。

▶▶ 6.3　项目实战

项目名称：寻宝。

项目描述：舞台上有 12 个纸牌按钮，其中只有一个按钮里面藏有宝贝。玩家通过单击按钮来寻找宝物，最多允许玩家寻找 3 次。3 次之内找到则成功，否则此次寻宝失败，案例效果如图 6-25、图 6-26 和图 6-27 所示。

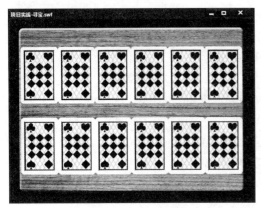

图 6-25　寻宝界面

图 6-26　寻宝失败

图 6-27　寻宝成功

　　游戏开始前，在主时间轴第 1 帧上按图 6-25 布置 12 个显示其背面图案的纸牌按钮。游戏开始后，如果所单击的纸牌按钮不是宝物，则通过一段动画显示纸牌正面图案，且设置该按钮不可再被单击。如果所单击的纸牌按钮是宝物，则通过一段动画显示纸牌宝物图案，这段动画播放完毕后跳转到主时间轴第 2 帧上的成功画面。如果玩家连续 3 次都没有找到宝物，则跳转到主时间轴第 3 帧上的失败画面。

　　项目分析：

　　首先需要制作 12 个按钮。为了方便起见，可以通过循环语句生成 12 个按钮（其实是影片剪辑，按照 0~11 序号命名 name 属性值，方便程序处理），每个按钮来自库中同一个影片剪辑元件。该元件第 1 帧显示纸牌背面图案，第 2 帧放置一个影片剪辑，显示纸牌从背面图案过渡到正面图案（空白）的一段动画，用于玩家单击纸牌，但宝物不在此纸牌中，这时播放此段动画，将纸牌翻转到正面图案。第 3 帧也放置一个影片剪辑实例，显示纸牌从背面图案过渡到宝物图案的一段，用于玩家寻宝成功时播放。

　　接着，需要在主时间轴上制作 3 帧，第 1 帧（帧标签设为"gameStart"）显示游戏界面，第 2 帧（帧标签设为"gameSuccess"）显示寻宝成功画面，第 3 帧（帧标签设为"gameOver"）显示寻宝失败画面。

　　当单击某张纸牌按钮时，需要用单击事件响应处理。由于宝物所在的纸牌位置是随机的，因此可以通过随机产生序号（范围 0~11）来标识宝物所在的位置。玩家单击的纸牌的 name 属性值可以通过事件对象读取，这里比较 name 值与随机产生的序号是否相等，如果相等，表示宝物正好就藏在所单击的纸牌里，否则不在此纸牌中，继续查找，整个游戏过程如图 6-28 所示。

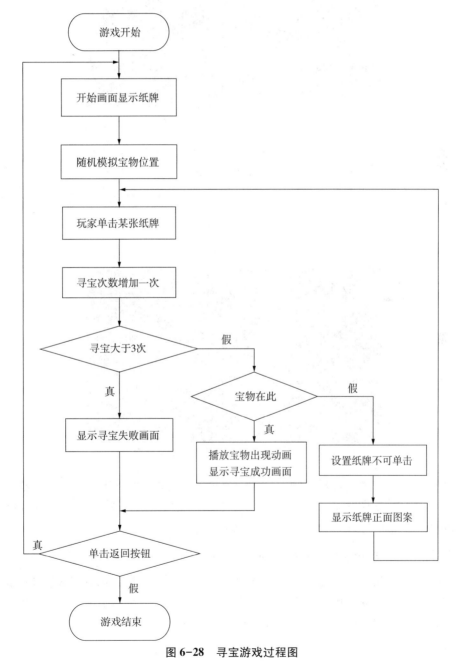

图 6-28　寻宝游戏过程图

制作步骤：

（1）制作纸牌影片剪辑元件。

纸牌影片剪辑元件共有三帧，如图 6-29 所示。

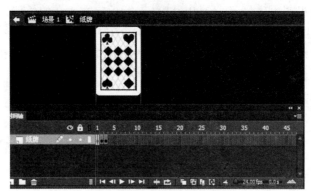

图 6-29　纸牌的三个关键帧

该元件第 1 帧显示纸牌背面图案，第 2 帧放置一个影片剪辑，显示纸牌从背面图案过渡到正面图案（空白）的一段动画，用于玩家单击纸牌，但宝物不在此纸牌中，这时播放此段动画，将纸牌翻转到正面图案，如图 6-30 所示。在最后一帧添加代码，用于停止播放，否则会来回播放。代码如下：

```
stop();
```

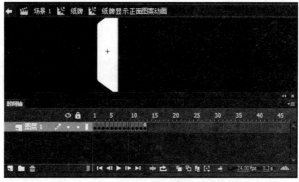

图 6-30　纸牌的第 2 帧放置的影片剪辑

第 3 帧也放置一个影片剪辑实例，显示纸牌从背面图案过渡到宝物图案的一段，用于玩家寻宝成功时播放，如图 6-31 所示。在最后一帧添加代码，用于跳转到主时间轴的成功画面，即帧标签为 "gameSuccess" 的所在帧。代码如下：

```
(MovieClip)(this. parent. parent). gotoAndStop("gameSuccess");
```

这里的 this 不是指主时间轴，而是指纸牌显示宝物图案的动画影片剪辑。this. parent 指的就是它的父亲，即纸牌。由于寻宝成功画面在主时间轴上，而纸牌在主时间轴里，所以，纸牌的 parent 才是主时间轴，所以这里 this. parent. parent 指向主时间轴。

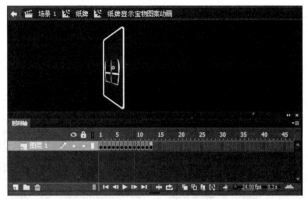

图 6-31　纸牌的第 3 帧放置的影片剪辑

纸牌影片剪辑元件制作完毕后，将其导出为关联类 "Card"，如图 6-32 所示。以便在游戏主场景中通过程序代码动态生成 12 个纸牌按钮。

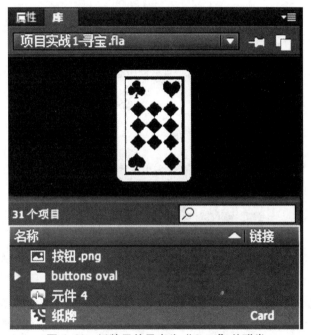

图 6-32　纸牌元件导出为 "Card" 关联类

（2）制作主时间轴的三个关键帧。

首先在主时间轴上新建三个空白关键帧，将帧标签分别命名为 "gameStart"、"gameSuccess" 和 "gameOver"。接着新建两个图层，背景图层放置每帧的背景，第 1 帧显示普通背景，在第 2 帧和第 3 帧分别以寻宝成功与寻宝失败画面作为背景。按钮图层放置第 2 帧和第 3 帧上的返回按钮，分别命名为 "successRestart_btn" 和 "failRestart_btn"，三个帧画面分别如图 6-33、图 6-34 和图 6-35 所示。

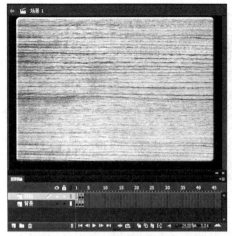

图 6-33　主时间轴第 1 帧显示画面　　　　图 6-34　主时间轴第 2 帧显示寻宝成功画面

图 6-35　主时间轴第 3 帧显示寻宝失败画面

（3）显示游戏界面。

在主时间轴上新建代码图层 as，并在第 1 帧，即 gameStart 帧标签所在帧添加程序代码，利用循环语句在舞台上动态生成 12 个纸牌按钮，并为每个纸牌按钮注册鼠标单击事件侦听器，形成游戏初始画面。在主时间轴第 1 帧添加代码如下：

```
1    stop();
2    var i:int = 0;
3    do{//每行排 6 个,共 2 行
4        var card:Card = new Card();
5        this. addChild(card);
6        card. x = (i% 6) *  card. width;
7        card. y = int(i/6) *  card. height;
8        card. name = String(i);
```

```
9          card. gotoAndStop(1);
10         card. addEventListener(MouseEvent. CLICK, clickHandler);
11         i++;
12    }while(i<12);
```

通过 do…while 循环语句动态生成 12 个按钮加入到舞台，并按照 2 行 6 列布局。同时为每个按钮注册鼠标单击事件侦听器，并指定 clickHandler( ) 函数负责响应和处理。为了方便后续处理，按照序号为每个按钮设定 name 属性。第 1 个纸牌按钮的 name 属性值为 "0" 号，第 2 个纸牌按钮的 name 属性值为 "1" 号，依此类推。

这里 i%6 说明第 i 个纸牌所处的列。int（i/6）是 i 除 6 的商，代表第 i 个纸牌所处的行。

按 Ctrl+Enter 组合键测试代码效果，将会出现如图 6-25 所示游戏初始界面。

（4）随机设定宝物位置。

通过随机产生 0~11 范围内的一个整数来标识宝物所藏位置。例如，若产生的随机数为 2，则宝物藏在 name 值为 2 的纸牌按钮中。同时还要声明一个全局变量来存储玩家寻宝次数。在主时间轴第 1 帧继续添加代码如下：

```
13    var luckNumber:int = Math. floor(Math. random() * 12);//随机产生宝物所藏位置
14    //trace("宝物藏在第"+luckNumber+"个按钮里!");
15    var count:int = 0;//记录寻宝次数
```

这里随机产生宝物所藏位置并声明变量 count 记录寻宝次数。

（5）处理玩家单击按钮事件。

当玩家单击了某张纸牌后，响应处理函数需要对其进行相应的处理。在主时间轴第 1 帧继续添加代码如下：

```
16    //响应处理玩家单击纸牌事件
17    function clickHandler(e:MouseEvent):void{
18        count++;
19        if (count< = 3){//单击次数小于 3
20            var mc:MovieClip = (MovieClip)(e. target);
21            if (int(mc. name) == luckNumber){
22                mc. gotoAndPlay(3);//播放宝物动画
23            }else {
24                mc. gotoAndStop(2);//显示正面图案
25                mc. mouseEnabled = false;//不可再单击
26            }
27        }else{
28            gotoAndStop("gameOver");//进入寻宝失败画面
29        }
30    }
```

当玩家单击一个纸牌按钮之后，寻宝次数就需要加 1。接着需要判断单击次数是否超过 3 次，若是，则直接跳入主时间轴中的"gameOver"帧标签所在的帧，显示寻宝失败画面，如图 6-35 所示，否则需要进一步做判断。

如果此次被单击的纸牌按钮里面藏有宝物，即此按钮的 name 属性值与宝物所藏位置号码 luckNumber 相等，则寻宝成功，播放纸牌从背面逐渐显示宝物图案的动画。由于在此动画最后一帧添加了跳转到主时间轴"gameSuccess"帧标签所在帧的代码，因此此动画一播放完毕，就将跳转到主时间轴"gameSuccess"帧标签所在帧，显示寻宝成功画面，如图 6-34 所示。

如果此次被单击的纸牌按钮里面未藏有宝物，即此按钮的 name 属性值与宝物所藏位置号码 luckNumber 不相等，则此纸牌按钮跳转到第 2 帧，播放纸牌背景图案逐渐显示正面图案的动画，如图 6-36 所示。并设定其 mouseEnabled 属性值为 false，即不再响应鼠标事件，无法被单击。

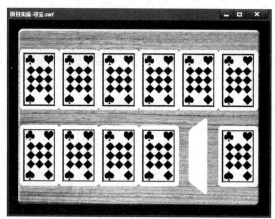

图 6-36　被单击的纸牌中未藏有宝物效果

（6）寻宝成功后续处理。

在主时间轴第 2 帧，即 gameSucess 帧标签所在的帧上添加程序代码，用于处理寻宝成功相关事宜。代码如下：

```
1    for (var k:uint = 0; k<12; k++){
2        this. removeChild(this. getChildByName(String(k)));
3    }
4    //为返回按钮注册鼠标单击事件侦听器
5    successRestart_btn. addEventListener ( MouseEvent. CLICK, successRestartHandler ) ;
6
7    function successRestartHandler ( e: MouseEvent ) : void {
8        gotoAndStop ("gameStart") ;
9    }
```

由于前面的 12 个按钮是通过代码动态生成的，它不会自动消失，因此在这里通过循环语句将其删除。与 addChild( )方法作用刚好相反，removeChild( )方法用来删除添加到舞台上的元件。

寻宝成功后，单击返回按钮 successResult_btn，利用 gotoAndStop（"gameStart"）；语句跳转到主时间轴上 gameStart 帧标签所在帧显示游戏开始画面。

（7）寻宝失败后续处理。

在主时间轴第 3 帧，即 gameOver 帧标签所在帧上添加程序代码，用于处理寻宝失败相关事宜。代码如下：

```
1    for (var j:uint = 0; j<12; j++){
2        this. removeChild(this. getChildByName(String(j)));
3    }
4
5    failRestart_btn. addEventListener(MouseEvent. CLICK, failRestartHandler);
6
7    function failRestartHandler(e:MouseEvent):void{
8        gotoAndStop("gameStart");
9    }
```

此段代码与上段代码类似，在此不再赘述。

按 Ctrl+Enter 组合键测试代码效果。

▶▶ 6.4 本章小结

本章中主要学习了以下内容。
- 循环语句的实质就是在满足一定条件下不断重复执行某一个语句组。
- 循环语句的三种形式：for、while 和 do…while。
- for 循环是三种循环结构中最常用也是最常见的循环，主要用来处理循环次数确定的情形。
- while 循环语句用来实现当型循环结构，先检验条件再运行循环体。
- do…while 循环语句用来实现直到型循环结构，先运行一次循环体，然后再检测循环条件是否成立，若成立，则接着循环。
- while 循环、do…while 循环和 for 循环不仅可以自身嵌套，而且还可以互相嵌套。
- 若使用双重循环，外层循环一次，则内层循环一遍。
- break 语句可以强行跳出循环，转向执行循环语句的下一条语句。
- 如果程序中包含有双重或多重循环，在内层循环中使用 break 语句，则只能强行跳出内层循环，而外层的循环还将继续。
- continue 语句只是结束本次循环，准备继续下一次的循环。

常用英语单词含义如下表所示。

英　　文	中　　文
continue	继续
do	做

续表

英　　文	中　　文
egg	鸡蛋
for	为了、因为、对于、适合于
snow	雪花、下雪
while	当……的时候

课｜后｜练｜习

一、问答题

1. 在 ActionScript 3.0 中有几种循环语句结构，它们有何异同？

2. 在循环结构中使用 break 和 continue 语句的功能有何异同之处？

3. 双重循环嵌套运行的过程是怎样的？

二、判断题

1. 在 ActionScript 3.0 中只有顺序结构、选择结构和循环结构三种程序结构。（　　　）

2. 一个循环的循环次数一定是确定的。（　　　）

3. 一个循环的循环体内可以包含另外一个循环语句。（　　　）

三、选择题

1. 下面有关 for、while 和 do…while 三种循环结构的叙述不正确的是（　　　）。

A. 三种循环结构不可以相互代替

B. 三种循环结构可以相互嵌套

C. for 语句一般用于循环次数确定的循环中

D. while 和 do…while 语句一般用于循环次数不确定的循环中

2. 一个正常的 for 循环语句必须要满足下列的条件（　　　）。

A. 循环次数要事先确定　　　　　　B. 循环变量要有初始值

C. 循环变量每回合一定要有增量值　　D. 循环条件趋于不满足，避免死循环

3. 有关循环中的 break 语句，下面叙述不正确的是（　　　）。

A. 可以强制中断当前循环的执行

B. 无法用在 for 循环语句中

C. 提高了循环结构的灵活性

D. 通常根据条件判断满足与否，使用 break

四、实操题

1. 编写一个程序，输入两正整数 n，m，其中 n>m 求 m；m+1,…,n 的累加之和，要求使用 for、while 和 do-while 三种不同的循环语句来实现。

2. 编写一个程序，判断所输入的数是否是水仙花数，所谓水仙花数就是指一个三位数，其各位数的立方和等于数本身值，如 $153 = 1^3 + 5^3 + 3^3$，所以 153 是一个水仙花数。

3. 编写一个程序，模拟投掷硬币出现正反面的概率。要求利用循环语句模拟 1 000 次，分别统计正面和反面出现的次数和概率。

第7章 函　数

🎓 **复习要点：**

循环的含义

for 循环语句的使用

while 循环语句的使用

do…while 循环语句的使用

循环嵌套的使用

💡 **要掌握的知识点：**

函数的含义

函数的定义及调用

函数的参数传递方式

函数的嵌套调用

变量的作用域

⚛ **能实现的功能：**

通过自定义函数简化问题

通过自定义函数复用代码

▶▶ 7.1　何谓函数

通过前面几个章节的学习，已经掌握了 ActionScript 3.0 的程序基本结构，从一开始只能编写短短数行程序代码，到现在可以写出稍微复杂一点的程序代码了。其实，不管程序代码有多少行，都是我们下达给计算机的一个指令集合，计算机程序会严格按照一条条指令进行流程处理。但是当我们编写的程序越来越复杂，行数也越来越多时，就可能出现具备相同或类似功能的指令。如果能将同样的处理指令独立出来，整合在同一个地方，形成一个指令的集合，并给这个指令集合赋予一个名字。在程序需要这段指令集合执行的地方通过所赋予的名字进行调用，即可触发这段指令集合的执行。通过这种方式，程序代码就会变得很清爽易读，而这样的指令集合就是函数。

其实，任何一门程序设计语言都有函数的概念，可见函数地位之重要，合理地使用函数可起到事半功倍的效果。

▶▶▶ 7.1.1　定义函数

从函数定义的角度看，函数可分为两类：系统预定义函数和用户自定义函数。系统预定义函数是由 Flash ActionScript 3.0 内部系统事先已经定义好的函数，它们是固定的、无法修改的，能够完成常用的输出、跳转、数学计算等许多有用的操作，这些函数提供了很多必要的功能，程序员只要直接拿来使用就可以了，减少了工作量。但是，仅仅使用系统提供的那些预定义函数是远远不够的，许多预定义函数没有的功能，程序员就要根据需求来自定义函数。自定义函数除了能够满足实际需求外，也可大大地降低程序代码量，并且让程序的结构看起来更清晰和更容易修改。

自定义函数和变量一样，必须要先定义、后使用。定义函数时要先给函数命名，接着在后面写出实现函数功能的语句。使用函数时，则通过函数名来调用函数。

 学一学

在 Flash ActionScript 3.0 中若要创建变量，则必须使用关键字 var，同理，若要创建函数，则必须使用关键字 function。该关键字相当于告诉 Flash ActionScript 3.0，正在声明一个函数。定义函数的语法如下：

```
function 函数名称(参数 1:数据类型,…,参数 n:数据类型):函数类型{
        //函数被调用时,大括号里面的代码将会被执行
        语句 1
        语句 2
          ⋮
        语句 n
}
```

从上可以看出，一个函数由以下四个部分组成。

（1）函数名，是用户自己定义的标识符，它的命名规则同变量一样。为了增强可读性，最好能给函数取一个有助于表示其功能的名字，常常采取动词或动宾词组命名，达到顾名思义的效果。

（2）参数列表，它是一对小括号（），里面用逗号来分割若干个参数。这些参数是调用函数时接收所传递进来数据的载体，在该函数内使用这些参数，就如同使用变量一样。需要注意的是，小括号中可以没有参数。但是，无论一个函数是否有参数，都必须在函数名后跟上一对小括号。

根据函数是否有参数，可以将函数分为两类，有参函数和无参函数。

（3）函数类型，函数类型就是函数返回的数据类型。根据函数是否具有返回值，可以将函数分为两类，有返回值函数和无返回值函数。

有返回值函数，用户在定义此函数时需按照返回值的类型指定函数类型。有返回值函数被调用执行完毕将向调用者返回执行结果，这个结果称为函数返回值。

无返回值函数主要以控制为主，用于执行处理某项特定的任务，执行完成后不向调用者返回结果。由于函数无须返回值，用户在定义此类函数的时候可以指定它的返回类型为"空类型"，即"void"。

（4）函数体，用大括号括起来的函数体需要写出具体的处理步骤，括号之内的内容实现函数的功能，也是函数定义中最核心的部分，在调用函数时函数体里面的代码将会被执行。

现在已经知道基本的语法了，下面就来看一个非常简单的函数的例子。

```
function traceMessage ():void {
    trace("this is function");
}
traceMessage ();
```

这里定义了一个无参和无返回值的函数 traceMessage( )，该函数的功能比较简单，就是输出"this is function"这句话。需要注意的是，函数只有在调用的时候才会被执行，不调用不执行。对于调用无参无返回值的函数，语法非常简单，如下：

函数名();

因此，在上述代码的后面通过 traceMessage( )来调用函数。此函数被调用时，函数体内的 trace( )被执行。

测试代码，在输出面板中可看到"this is function"。

下面的代码创建一个有参数无返回值的函数，将各种不同字符串用作参数值来调用该函数：

```
function traceMessage (message:String):void{
    trace(message);
}
traceMessage ("hello!"); //输出 hello!
traceMessage ("how are you?");// 输出 how are you?
traceMessage ("how do you do?"); // 输出 how do you do?
```

函数定义之后可以多次调用，可以向被调用函数内传递参数，调用有参无返回值函数的语法如下：

函数名(参数);

在函数 traceMessage（message：String）中，"message：String"是形式参数，一般称作形参，形参在该函数未被调用时没有确定的值，只是形式上的参数，在函数被调用时，需要将实实在在的参数，即实参传递给形参。被调用函数执行完毕后，将会返回调用处，即流程遵循"从哪里来，回哪里去"的原则。

本例中，三次调用 traceMessage（message：String）函数，每次分别将实参"hello!" "how are you?"和"how do you do?"传递给形参 message，使得 message 分别得到上述值，并通过 trace( )语句输出。

173

从这里可以看出，同一个函数可以被多次调用，但每次调用可以传进不同的值（实参）。在后面可以学到有关参数的更详细的内容。

由于函数是先定义后使用，因此如果自定义函数写在 Flash 时间轴上的关键帧里，那么在此关键帧前面的其他帧则不可以调用，但本帧及后面的帧都可以调用。

用一用

案例 7-1：输出 5 行星号图案。

【案例分析】

本案例要实现打印 5 行，每行 10 个星号，效果如图 7-1 所示。

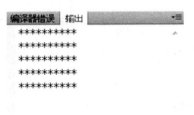

图 7-1　输出 5 行星号图案

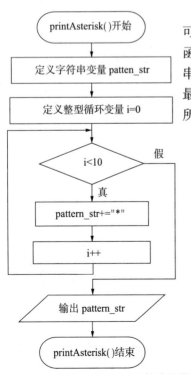

由于每行都打印 10 个星号，且要重复打印 5 次，因此，可以将每行打印 10 个星号定义成一个函数 printAserisk( )。在函数里面，利用 for 循环语句，将 * 符号不断拼接到一个字符串中，重复执行 10 次，这样就构成包含 10 个 * 符号的字符串，最后通过 trace( ) 语句将其输出即可，函数流程图如图 7-2 所示。

图 7-2　printAserisk（） 函数流程图

定义了函数 printAserisk( ) 以后，接着调用 5 次，即可输出 5 行星号图案。整个案例流程图如图 7-3 所示。

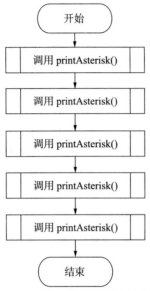

图 7-3　输出 5 行星号图案流程图

在上述流程图中，符号 ⬚ 用来表示已知或已确定的另一个函数或过程。

【程序代码】

```
1     //定义 printAsterisk()函数,用于打印一行 10 个星号
2     function printAsterisk():void{
3         var pattern_str:String = "";
4         for (var i:uint = 1; i< = 10; i++){
5             pattern_str += "*";
6         }
7         trace(pattern_str);
8     }
9     //连续调用 5 次 printAsterisk()函数
10    printAsterisk();
11    printAsterisk();
12    printAsterisk();
13    printAsterisk();
14    printAsterisk();
```

【代码说明】

第 2 行　定义了一个函数 printAsterisk( )，它是一个无参和无返回值的函数。

第 3 行　定义了一个空字符串 pattern_str，用来存储在后面的循环中不断拼接 * 符号。

第 4 行　for 循环语句。定义循环变量 i，用来记录循环次数，并将其初始化为 1。由于需要循环 10 次，因此设定循环条件为 i<=10。每循环一次，需要将循环次数加 1，即 i++。

第 5 行　for 循环体语句，每循环一次，将 * 符号拼接到 pattern_str 字符串后。当变量 i 值为 1 时，for 循环开始，执行循环体语句，执行完毕后，i 值加 1 (i++)，接着下一次循环，如此反复，for 循环执行了 10 次之后 (1 到 10)，i 等于 11 时将不再小于等于 10，循环条件表达式值变为 false，不再满足循环条件，for 循环到此结束，并且控制权移交到循环外部。

第 7 行　输出构造好的 pattern_str。

第 10~14 行　连续 5 次调用 printAsterisk( ) 函数，用来打印 5 行星号。其实这 5 行代码可以写成循环语句的格式来达到 5 次函数调用的目的，如下：

```
for(var i:uint = 1;i<=5;i++){
    printAsterisk();
}
```

按 Ctrl+Enter 组合键测试代码效果。

无返回值函数类型可以不用指定函数类型。

案例 7-2：打印 5 行星号构成直角三角形。

【案例分析】

本案例要完成打印五行星号，构成直角三角形，如图 7-4 所示。

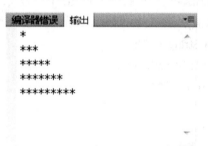

图 7-4　五行星号形成的直角三角形

与案例 7-1 所不同的是，虽然仍旧要打印 5 行星号，但每行打印星号的个数不再是固定的 10 个，而是不同的。因此，需要修改 printAsterisk( ) 函数，使其具有一定的灵活性和通用性，可以根据用户的需求打印指定个数的星号。因此，将 printAsterisk( ) 函数定义为有参函数 printAsterisk (num：int)，在形参列表中定义一个参数 num，用于接受用户指定的打印星号个数。在函数里面，利用 for 循环语句，将 * 符号不断拼接到一个字符串中，直至重复执行 num 次，这样就构成包含 num 个 * 符号的字符串，最后通过 trace( ) 语句将其输出即可，函数流程图如图 7-5 所示。

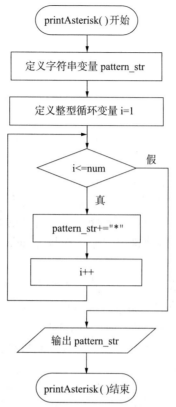

图 7-5 printAserisk（num：int）函数流程图

定义好有参函数 printAsterisk（num：int）以后，就可以进行调用了。这里形参 num 在该函数未被调用时没有确定的值，只是形式上的参数。形参在函数调用时必须有相应的实际参数，即实参。本案例中由于每行输出"＊"的个数分别是 1、3、5、7、9。因此 5 次调用 printAsterisk（num：int）的时候，分别传入实参 1、3、5、7、9 即可，本案例流程图如图 7-6 所示。

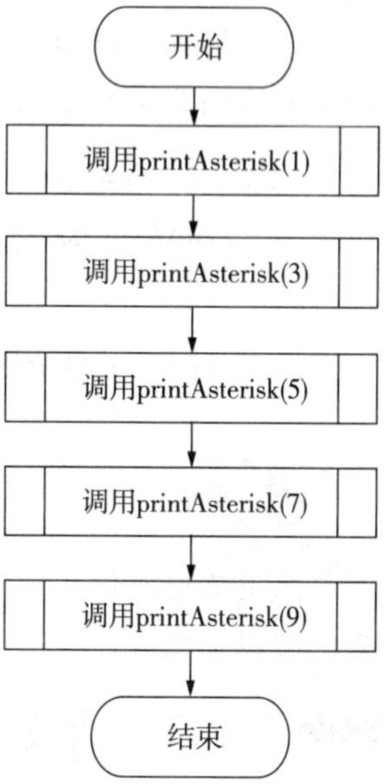

【程序代码】

```
1    //定义 printAsterisk(num:int)函数,用于打印指定个数的
星号
2    function printAsterisk(num:int):void{
3        var pattern_str:String = "";
4        for (var i:uint = 1; i< = num; i++){
5            pattern_str + = "*";
6        }
7        trace(pattern_str);
8    }
9    //多次调用 printAsterisk(num:int)函数,分别传入不同的实参
```

开始

调用printAsterisk(1)

调用printAsterisk(3)

调用printAsterisk(5)

调用printAsterisk(7)

调用printAsterisk(9)

结束

图 7-6 打印 5 行星号形成直角三角形图案流程图

```
10      printAsterisk(1);
11      printAsterisk(3);
12      printAsterisk(5);
13      printAsterisk(7);
14      printAsterisk(9);
```

【代码说明】

第 2 行　定义了一个有参无返回值的函数 printAsterisk（num：int），该函数实现打印指定个数星号的功能。

第 3 行　定义了一个空字符串 pattern_str。

第 4 行　for 循环语句。定义循环变量 i，用来记录循环次数，并将其初始化为 1。需要注意的是，循环次数不固定，而是由调用此函数时传过来的实参决定的。由于这里指定形参 num 用来接收实参传过来的值，因此这里的循环次数为 num 次，循环条件为 i<num。每循环一次，需要将循环次数加 1，即 i++。

第 5 行　循环体语句，每循环一次时，将 * 符号拼接入 pattern_str 字符串后。当变量 i 值为 1 时，for 循环开始，执行循环体语句，执行完毕后，i 值加 1（i++），接着下一次循环，如此反复，for 循环执行了 num 次之后，i 将不再小于等于 num，循环条件表达式值为 false，不再满足循环条件，for 循环到此结束，并且控制权移交到循环外部。

第 7 行　输出构造好的 pattern_str。

第 10~14 行　连续 5 次调用 printAsterisk（num:int）函数，用来打印 5 行个数不等的星号。由于要打印直角三角形，因此调用 printAsterisk（num:int）函数时，分别传入实参 1、3、5、7 和 9 给形参 num，达到第 1 行打印 1 个星号，第 2 行打印 3 个星号，第 3 行打印 5 个星号，第 4 行打印 7 个星号，第 5 行打印 9 个星号的目的。其实这 5 行代码也可以用循环语句来达到 5 次函数调用的目的，如下：

```
for(var i:uint = 1;i< = 9;i = i+2){
    printAsterisk(i);
}
```

按 Ctrl+Enter 组合键测试代码效果。

无论函数在何处被调用，调用结束后，其流程总是返回到调用该函数的地方，即从哪里来，回到哪里去。

▶▶▶ 7.1.2　函数参数

ActionScript 3.0 提供了许多系统预定义函数供直接调用，例如：

```
//stop()函数可直接停止播放头播放,括号中不需另外设定参数
stop();
```

//nextFrame()函数可让播放头播放下一帧并停止,括号中不需另外设定参数
nextFrame();

有些系统预定义函数后面的小括号内还可以设定参数,不同函数,参数内容也不同,例如:

//gotoAndStop()函数,括号中需要设定参数指定跳转目的地
gotoAndStop(10);
//trace()函数,括号中需要设定参数指定要输出的内容
trace("我是参数");

其实自定义函数也可以根据需要向函数中传递外部的变量即参数,参数就像函数的入口,外部的程序要把资料数据放进去时,都必须要透过参数来做沟通。

参数可以是一个,也可以是多个,参数之间用逗号隔开。需要注意的是,不是所有的函数都需要参数,有的函数可以没有参数。

 学一学

在编写自定义函数的时候,函数体就相当于在被调用时执行的指令集合,而函数名称相当于调用函数时的指令名称。在下达指令的时候,有时候需要一些额外的信息才能执行。例如,如果让某人做一个相当简单的事情,比如"请把门打开",这个指令里面没有额外信息。但如果要在服装店买一件衬衫呢?你要买的衬衫多大尺寸?什么颜色?什么款式?这些对于服务员来说,都是未知的变量,需要在指令中向服务员传递这些信息。例如你想买一件衬衫,款式是 T-Shirt,颜色是白色,尺寸是 XL,这句话如何用 ActionScript 3.0 的函数实现呢?

首先需要创建一个有参函数,让这个函数可以接收三个值,衬衫款式、颜色和尺寸,这些值将会被传递到函数的参数中(这里指定的形参名称是 pStyle,pColor 和 pSize)。上述三个参数都是购买衬衫函数需要用到的变量,这些值都是字符串类型。为了避免数据类型错误,参数应该指定它们的数据类型。

```
function buyShirt(pStyle:String,pColor:String,pSize:String){
        ⋮
}
```

pStyle、pColor 和 pSize 是形式参数,简称形参。形参在函数定义中出现,它在整个函数体内起作用。当函数被调用执行时,形参会创建,它在函数体外不能使用。

```
buyShirt("T- Shirt","white","XL")
```

上面的函数说明所买的衬衫要求是:款式是 T-Shirt,颜色是白色,尺寸大小是 XL。调用 buyShirt("T-Shirt","white","XL")函数时,传递三个数据,即"T-Shirt"、"white"和"XL"三个实参(实参可以是变量、常量或表达式)给形参。在调用的时候,必须要有确定的值,是实实在在的参数。

总而言之，形参和实参的功能都是进行数据传送，当发生函数调用时，主调函数把实参的值传递给被调用函数的形参，从而实现主调函数向被调函数传送数据。

在进行函数调用时，参数的传递顺序要和函数定义时参数的顺序一致、个数一致、类型一致。

案例 7-3：函数参数值传递，请运行如下代码，观察运行结果。

【程序代码】

```
1     var a:Number = 5;
2     var b:Number = 10;
3     trace("调用前实参 a,b 的值是：",a, b);
4     passParams(a, b);
5     trace("调用后实参 a,b 的值是：",a, b);
6
7     function passParams(pa:Number, pb:Number):void{
8         pa++;
9         pb++;
10        trace("形参 pa,pb 的值是：",pa,pb);
11    }
```

【代码说明】

第 1 行　声明了一个 Number 类型的变量 a，并指定初始值为 5。

第 2 行　声明了一个 Number 类型的变量 b，并指定初始值为 10。

第 3 行　通过 trace( )语句将变量 a 和 b 的值输出。

第 4 行　调用有参函数 passParams（pa：Number，pb：Number），并将 a 和 b 分别作为实参将其值传递给函数中的形参 pa 和 pb。

第 5 行　再次通过 trace( )语句将变量 a 和 b 的值输出。

第 7~11 行　定义函数 passParams（pa：Number，pb：Number），它是一个有两个参数而无返回值的函数。

第 8 行　将形参 pa 加 1。

第 9 行　将形参 pb 也加 1。

第 10 行　通过 trace( )语句将形参变量 pa 和 pb 输出。

通过运行上述代码，观察发现实参 a 和 b 在调用 passParams（pa：Number，pb：Number）函数前后其值未发生任何改变。

这是为什么呢？这是因为在 ActionScript 3.0 函数中，若形参类型是元数据类型（包括 Boolean、Number、int、uint 和 String），则实参向形参传递数据采用值传递方式。以传值方式传递时，实参和形参是不同的变量，在函数调用时，会将实参的值复制一份给形参，形参与实参占用不同的内存单元，表示不同的变量，因此它们的值将相互保持独立。

本案例中，在调用 passParams( )函数时，形参变量 pa 和 pb 才被分配内存单元，pa 和 pb 将指向内存中的新位置，这个位置不同于函数外实参所在的位置。接着形参将分别接收实参变量 a 和 b 传递过来的值 5 和 10，就相当于形参将实参复制了一份。接下来程序对形参变量 pa 和 pb 做自增处理，因此后面输出的 pa 和 pb 的值分别是 6 和 11。在函数调用结束时，形参即刻释放所分配的内存单元，自动消失。因此，形参只有在函数内部有效，不会影响到实参。即使形参的命名与实参的命名完全相同也是如此，例如，将上面代码中的形参名称命为与实参一致。代码如下：

```
1    var a:Number = 5;
2    var b:Number = 10;
3    trace("调用前实参 a,b 的值是：",a, b);
4    passParams(a, b);
5    trace("调用后实参 a,b 的值是：",);
6
7    function passParams(a:Number, b:Number):void{
8        a++;
9        b++;
10       trace("形参 a,b 的值是：",a,b);
11   }
```

按 Ctrl+Enter 组合键测试代码效果。

观察运行结果，发现即使实参与形参同名，它们的值也相互保持独立，这再次说明在值传递方式下，实参和形参是两个不同的变量，各自保持独立。当传值调用时，只是把原变量复制一份给函数参数，就像复制了一份文件，然后修改了这个复制的文件，对原文件没有任何影响。

▶▶▶ 7.1.3 函数返回值

根据函数是否有返回值，可将函数分为无返回值和有返回值函数。无返回值函数主要以控制为主，例如，修改影片剪辑的尺寸、位置或添加音效和处理等，函数执行完成后不向调用者返回函数值。

有返回值函数在被调用执行完后将向调用者给予反馈，返回一个执行结果。函数的值只能通过 return 语句返回给调用者。

函数的返回值类型定义：在定义函数时参数列表中以冒号加数据类型的方式定义，如果不需要返回值也可以使用 void 关键字表示。

 学一学

由于函数也可以返回值，如果有需要，可以加上 return 语句来传回值。return 语句的使用语法如下：

return 回传值；

它的含义是将回传值返回给调用者，回传值可以是变量、表达式。如果是表达式，则先计算表达式的值，再将计算的结果返回给调用者。

在函数中允许有多个 return 语句，但每次调用只能有一个 return 语句被执行，因此只能返回一个函数值。

对不需要返回值的函数，用 void 定义函数类型，表示空类型。此时，被调函数中的 return 语句可以省略，也可以有 return 语句，其格式为：

return;

当调用有返回值的函数时，一般都是把函数返回值赋给调用函数中的某个变量，调用方式如下：

变量 = 函数名(实参列表)；

这个时候，函数出现在一个表达式中参与运算，这种表达式称为函数表达式。

例如，下面的 count( )函数返回 1~n 之间数累加之和。

```
//计算 1+2+3+…+n 值
function count(n:uint):uint{
    var sum:uint = 0;
    var i:uint;
    for(i = 1;i< = n;i++){
        sum = sum+i;
    }
    return sum;
}
var result:uint = count(100);
trace(result);
//trace(count(100));
```

在上面代码中定义了一个有参有返回值函数 count（n：uint），用来完成计算 1~n 之间数累加的功能。这里调用函数 count( )，并传入实参 100，函数在执行完 1~100 累加之后，执行 return 语句，将计算结果传回给调用者 count（100），调用者又把结果赋值给变量 result，接着调用系统预定义函数 trace( )，将 result 输出。

其实，还可以把有返回值的函数作为另一个函数的实参。例如下面的代码：

trace(count(100));

它把 count（100）调用的返回值又作为 trace( )函数的实参来使用。因此，可以直接通过语句把函数的返回值作为实参进行传送。

return 语句的另一项功能是结束被调函数的运行，返回到调用处继续执行后面的语句。因此，在函数体中，只要遇到 return 语句就立即返回到调用函数的地方，该 return 语句后面即使有未执行的语句，也不再执行。

例如，下面定义了两个函数 addA( )和 addB( )，它们代码非常类似，但是被调用后执行的结果却大相径庭。

```
function addA(a:int){
    a = a + 1;
    return a ;
}
function addB(b:int){
    return b ;
    b = b + 1;
}
trace(addA(1));
trace(addB(1));
```

当调用执行 addA（1）函数时，把实参 1 传给形参 a，在函数内部对 a 做加 1 处理，然后通过 return 语句返回处理结果 2，因此 trace（addA（1））将会输出 2。但调用执行 addB（1）函数时，把实参 1 传给形参 b，在函数内部首先执行 return 语句，导致马上返回形参 b 的值，后面的语句 b=b+1 将不会执行，因此 trace（addA（1））将会输出 1。

通过此例，发现函数中只要执行 return 语句，后面的语句就不会执行了。

用一用

案例 7-4：动态生成精美图案。

【案例分析】

在前面案例 6-4 精美图案的制作实例中，只能看到最终图案的效果而看不到图案生成的过程。本案例可以实现看见图案生成的过程，效果如图 7-7 和图 7-8 所示。

图 7-7　精美图案生成过程

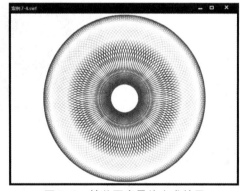

图 7-8　精美图案最终生成效果

为了能够看到动态生成精美图案的效果，需要每隔一定时间执行一次复制图片影片剪辑和设定新影片剪辑的旋转角度动作。可以将其定义为一个函数，然后通过定时器不断触发其执行。在 ActionScript 3.0 中提供了一个预定义函数 setInterval( )，它提供定时器功能，作用是每隔一定的时间，就调用指定的函数，使用形式如下：

var myTimer:int = setInterval(函数名,时间间隔,函数参数);

其中，函数名是指定要调用的函数名称，时间间隔单位为毫秒，函数参数是传给要调用函数的参数。setInterval( ) 方法会不停地调用函数，直到 clearInterval( ) 被调用或窗口被关闭。若要清除 setInterval( ) 的调用，可以使用 clearInterval( ) 函数，setInterval( ) 函数返回值可用作 clearInterval( ) 方法的参数。例如，清除 setInterval( ) 的运行，语法如下：

```
clearInterval(myTimer);
```

下面的代码是 setInterval，调用一个有参函数：

```
//定义一个有参函数 showMsg()用来输出指定的字符串
function showMsg(msg:String) {
    trace(msg);
}
//每隔 500 毫秒调用一次 showMsg()函数，并指定每次输出"hello"
var myTimer:int = setInterval(showMsg,500,"hello");
```

为动态生成精美图案，首先制作一个图片影片剪辑并导出为"Pattern"关联类，如图 7-9 所示。在主时间轴上新建代码图层 as，并在第 1 帧添加程序代码。

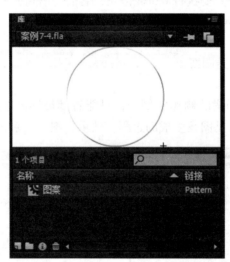

图 7-9　图片影片剪辑导出为"Pattern"关联类

【程序代码】

```
1    var centerX:Number = stage. stageWidth/2;
2    var centerY:Number = stage. stageHeight/2;
3    var no:Number = 0;//记录目前复制生成的图案个数
4
5    var myTimer:int = setInterval(copy,500);
6
7    function copy():void {
8        var pattern_mc:Pattern = new Pattern();
```

```
9          this. addChild(pattern_mc);
10         pattern_mc. x = centerX;
11         pattern_mc. y = centerY;
12         pattern_mc. rotation = 3*no;
13         no++;
14         if(no>120){
15             clearInterval(myTimer);
16         }
17     }
```

【代码说明】

第 1~2 行　定义两个变量用来设定产生图案的坐标中心位置，这里设定为舞台正中央。

第 3 行　定义一个变量 no，用来记录已经复制的图案个数，本例中需要复制 120 个，在没有开始复制时，需要将 no 赋初值 0。

第 5 行　利用定时器函数 setInterval( ) 每隔 0.5 秒调用执行 copy( ) 函数一次，用以复制产生一个影片剪辑对象。通过定时调用，就能看到生成图案的过程了。

第 7~17 行　定义 copy( ) 函数，用以复制和设置一个影片剪辑对象。在函数中，需要判断目前已经复制的图案个数，如果大于 120 个，则需要清除定时器 setInterval( ) 函数的调用。

最后，按 Ctrl+Enter 组合键，看是否可以看到动态的图案生成过程。

（1）系统预定义函数也可以返回值，如 setInterval( ) 函数就返回一个整数。

（2）setInterval( ) 函数很耗 CPU 资源，在不需要时，要及时清除 setInterval( ) 函数的调用。

案例 7-5：将 12 张图片依次排列为椭圆形。

【案例分析】

本案例实现将 12 张图片依次排列为椭圆形，效果如图 7-10 所示。

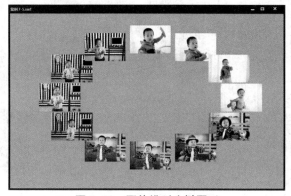

图 7-10　图片排列为椭圆形

可以将每张图片都制作成一个影片剪辑，然后分别拖入到舞台上。通过手工方式排列也能达到目的，但是这种方式非常烦琐。这里采取通过程序代码控制的方式实现。

可以先制作出一个影片剪辑元件，将所有照片依次放在各个关键帧上，然后通过复制此元件动态生成 12 个影片剪辑实例到舞台上。由于 12 张图片要均匀地分布在椭圆四周，因此每张图片在椭圆上相对椭圆中心的角度值就分别为 0、30、60、90、120 等，依次类推，一直到 360。通过数学知识可以知道，若确定了椭圆的某点相对椭圆中心的角度，就可以非常方便地求出椭圆上此点的坐标，计算公式如下：

椭圆上某点的横坐标 = 椭圆横轴半径*cos(α)

椭圆上某点的纵坐标 = 椭圆纵轴半径*sin(α)

其中 α 为某点相对椭圆中心的角度。每个影片剪辑按顺序显示不同的图片。

首先制作图片序列影片剪辑，将 12 张不同的图片依次放入 1~12 帧。如图 7-11 所示。其次，将图片序列影片剪辑元件导出为"Picture"关联类，如图 7-12 所示。

图 7-11　图片序列影片剪辑

图 7-12　将图片序列影片剪辑元件导出为"Picture"关联类

在主时间轴上新建代码图层 as，并在第 1 帧添加程序代码。

【程序代码】

```
1    var itemNum:int = 12;//图片序列影片剪辑个数
2    var radiusX:int = stage. stageWidth/3;//椭圆横轴半径
3    var radiusY:int = stage. stageHeight/3;//椭圆纵轴半径
4
5    var centerX:int = stage. stageWidth / 2;//椭圆中心 X 坐标
6    var centerY:int = stage. stageHeight / 2;//椭圆中心 Y 坐标
7
8    //在舞台上循环添加 12 个影片剪辑实例
9    for (var i:int = 1; i< = itemNum; i++){
10       makeMC(i);
11   }
12
13   //该函数用来动态生成一个图片序列影片剪辑实例并按照相应位置放置
14   function makeMC(var i:int){
15       var my_mc:MovieClip = new Picture();
16       this. addChild(my_mc);
17       my_mc. scaleX = my_mc. scaleY = 0. 5;
18       my_mc. stop();
19
20       //第 i 个影片剪辑相对椭圆中心的角度
21       var myDegree:Number = 360 / itemNum*i;
22       //调用 degree2Radian 函数将角度转换为弧度
23       var myRadian:Number = degree2Radian(myDegree);
24
25       //根据数学公式,设定第 i 个影片剪辑的坐标
26       my_mc. x = Math. cos(myRadian)*radiusX + centerX- 50;
27       my_mc. y = Math. sin(myRadian)*radiusY + centerY- 50;
28
29       //第 i 个影片剪辑播放头跳转到第 i 帧
30       my_mc. gotoAndStop(i);
31   }
32
33   //该函数用来将指定的角度值转换成弧度值
34   function degree2Radian(degree:Number):Number{
35       return Math. PI*2/360*degree;
36   }
```

【代码说明】

第 1 行　定义整型变量 itemNum，用来记录舞台上需要显示的图片张数。

第 2 行　定义整型变量 radiusX，用来存储椭圆的横轴半径。

第 3 行　定义整型变量 radiusY，用来存储椭圆的纵轴半径。

第 5~6 行　定义椭圆的中心点坐标为舞台中心位置，并用变量 centerX 和 centerY 存储中心点坐标数值。

第 9~11 行　for 循环语句。该循环主要的目的是调用 makeMC( ) 函数在舞台上动态生成 12 个影片剪辑实例，并以椭圆方式均匀排列。

第 14 行　自定义函数 makeMC(var i：int)，用来动态生成第 i 个影片剪辑实例，并按照相应位置放置在舞台上。

第 15~16 行　动态生成一个影片剪辑实例并添加到舞台上。

第 17 行　将新添加的影片剪辑实例等比例缩小一半。

第 18 行　让新添加的影片剪辑播放头停止在第 1 帧，以免不断循环播放。

第 21 行　求出新添加的影片剪辑相对椭圆中心的角度。

第 23 行　调用 degree2Radian( ) 函数，传入一个角度值，将获取对应的弧度值。因为在 ActionScript 3.0 中，三角函数中角度的单位都是弧度，而不是度，因此这里必须将角度转换成弧度。

第 26~27 行　根据新添加影片剪辑相对椭圆中心的弧度值，计算出在椭圆上的坐标。

第 30 行　新添加的影片剪辑播放头跳转到第 i 帧。

第 34~36 行　自定义的 degree2Radian( ) 函数，该函数有一个形参，返回值是 Number 类型。它用来将指定的角度值转换成弧度值。调用时需要传入一个角度值，此函数根据数学公式计算后，它将返回一个对应的弧度值。

按 Ctrl+Enter 组合键测试代码效果。

▶▶ 7.2　函数的进阶

前面学习了如何定义函数、如何调用函数以及如何取得函数的返回值，可以利用函数解决一些简单的问题，但在解决一些复杂的问题时，还需要涉及函数的高级应用知识，例如函数的嵌套调用等。

▶▶▶ 7.2.1　函数的嵌套调用

函数的嵌套调用，就是在函数定义中调用其他函数。函数的嵌套调用可以简化复杂的问题，使程序结构清晰，可读性较强。嵌套是一种组合，是一种解决问题的方法。犹如生活中的问题，有很多我们不能用常规方法解决，这时就需要调用外界资源，借助一定的外力来协助解决问题。

 学一学

在 ActionScript 3.0 中，函数是完全平等的，不存在主次、上下之分，可以在一个函数内对另外一个函数进行调用，这称为函数的嵌套调用。例如，存在函数 f1 和函数 f2，下面的格式就是嵌套调用：

```
function f1(){
    ⋮
    f2();
    ⋮
}
function f2(){
    ⋮
}
```

用 一 用

案例 7-6：随机产生三个数（范围在 0～100 之内）并求最大的一个，将它输出。

【案例分析】

由于三个数之间的大小关系可以通过两两比较确定，因此可以采取函数嵌套调用的办法，简化复杂的三者比较过程。这里首先定义一个两两比较返回两个数当中的较大者函数 getBiggerNum（num1：Number，num2：Number）。流程图如图 7-13 所示。

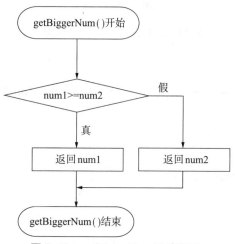

图 7-13　getBiggerNum( )流程图

为了获取三个范围在 0～100 间的随机数，可以定义一个函数 getRnd( )用来帮助生成三个符合要求的随机数 a、b 和 c。

接下来，定义一个求三个数之中最大数的函数 getBiggestNum( )，在执行此函数时，函数体内又调用函数 getBigger Num(a,b)，求出 a 和 b 二者之间的较大值，将较大值赋值给 max，然后通过再次调用函数 getBigger Num(max,c)将 max 与 c 进行比较，它们二者之间的较大值即为 a、b 和 c 三个随机数中的最大值，并将结果赋值给 max 并输出。getBiggestNum( )函数流程图如图 7-14 所示。

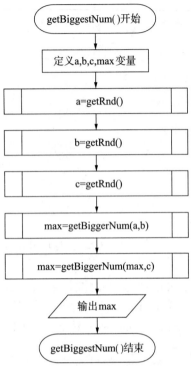

图 7-14　getBiggestNum( )函数流程图

【程序代码】

```
1    function getBiggerNum(num1:Number,num2:Number):Number{
2        if(num1> = num2){
3            return num1;
4        }else{
5            return num2;
6        }
7    }
8
9    //返回一个 0~100 之间的随机数
10   function getRnd():Number{
11       return Math. random()*100;
12   }
13
14   function getBiggestNum():void{
15       var a:Number = getRnd();
16       var b:Number = getRnd();
17       var c:Number = getRnd();
18       trace("产生的三个随机数为:",a,b,c);
```

```
19      var max:Number = getBiggerNum(a,b);
20      max = getBiggerNum(max,c);
21      trace("本次产生的最大随机数是:"+max);
22    }
23
24    getBiggestNum();
```

【代码说明】

第 1~7 行 定义了一个比较函数 getBiggerNum（num1：Number，num2：Number）用来返回两个数当中的较大者。

第 10~12 行 定义了一个返回 0~100 之内随机数的函数 getRnd（）。

第 14~22 行 定义了一个函数 getBiggestNum（），在函数体内通过三次调用 getRnd（）获得三个 0~100 之间的随机数，接着嵌套调用 getBiggerNum（），进行两两比较获得三者之间的最大值，最后进行输出。

第 24 行 调用 getBiggestNum（）函数，获取三个随机整数中（范围在 0~100 之内）最大的一个，并将它输出。

按 Ctrl+Enter 组合键测试代码效果。

函数的嵌套调用不仅包括在调用一个函数的过程中，又调用另一个函数，还包括在定义一个函数的过程中，又调用另一个函数。

▶▶▶ 7.2.2 变量的作用域和生存期

变量的作用域是开发 ActionScript 3.0 程序的一个重要概念，对于初学者来说，了解变量作用域是非常必要的。

 学一学

变量要先定义，后使用，但也不是在变量定义后的语句一直都能使用前面定义的变量，这里就涉及变量作用域的问题。

变量作用域是指定义或识别变量的区域和可以引用变量的区域或范围。变量的作用域一般是由变量所在的位置决定的，变量在哪里创建的就可以在哪里访问，这是它的作用域。有的变量在一个时间轴中被定义，称为时间轴变量，它的作用域在时间轴代码上，它只能被该时间轴上的脚本直接访问；有的变量在一个函数中被定义，称为局部变量或本地变量，它的作用域仅仅局限于定义它的函数内部，即只在本函数范围内有效，该变量只能被该函数内的脚本代码访问。

案例 7-7：函数外访问局部变量。

【程序代码】

```
1    function testScope():void{
```

```
2        var msg:String = "看看本字符串能否被打印出来?";
3    }
4
5    testScope();
6    trace(msg);
```

【代码说明】

第1~3行　定义了一个函数 testScope()，在其函数体中定义一个字符串类型的变量 msg，并赋初值 "看看本字符串能否被打印出来?"。

第5行　调用 testScope() 函数。

第6行　用 trace(msg); 语句追踪一下字符串变量 msg 的内容。

执行这段代码，期望字符串变量 msg 的内容能够被打印出来，可是执行的结果却大相径庭，编译器系统会出现错误提示，警告变量没有被定义，如图 7-15 所示。

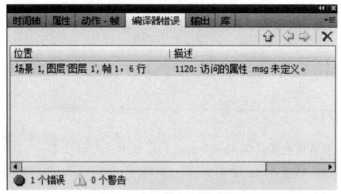

图 7-15　在函数外访问局部变量

编译器告诉访问的属性 msg 未定义。这是为什么呢？

这是因为 msg 定义在 testScope 函数内部，其存在的作用域仅在函数当中，因此是一个局部变量。

在程序中，试图在时间轴上，函数 testScope() 之外去访问 msg，这就超出了局部变量 msg 的作用域，无法访问到 msg 也就不足为怪了。

那如何在它的作用域内访问变量 msg 呢？很简单，可以将 trace(msg); 语句放到 testScrope() 函数里面去。代码如下：

```
1    function testScope():void{
2        var msg:String = "看看本字符串能否被打印出来?";
3        trace(msg);
4    }
5    testScope();
```

执行这段代码，就会发现输出面板已经输出字符串变量 msg 的内容了。如图 7-16 所示。

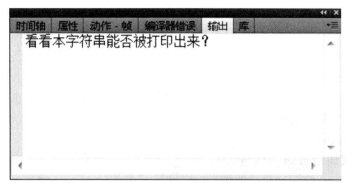

图 7-16 输出字符串变量

这是为什么呢？

这是因为 trace（msg）；语句处于 testScope（）函数中，msg 本身已经进入到作用域当中了。

那如果希望在时间轴上，函数作用域外来访问 msg，应该怎么做呢？

这个时候应该把 msg 变量的声明放在函数作用域之外，直接放在时间轴上，也就是放在一个更高层的作用域里面，即将 msg 变量定义为全局变量。

```
1    var msg:String;
2    function testScope():void{
3        msg = "看看本字符串能否被打印出来?";
4    }
5
6    testScope();
7    trace(msg);
```

这段代码中，先在 testScope（）函数外声明 msg 是一个 String 类型的变量，然后再在 test-Scope（）函数中对 msg 进行赋值，这个时候，由于函数 testScope（）里面的 msg 已经在函数外声明了的，因此在这里对其赋值是可以的。然后，在函数外面用 trace（msg）；语句来追踪一下，大家试一下，可以发现输出面板同样输出了字符串变量 msg 的内容。

同一作用域内不允许出现两个相同的变量名。

案例 7-8：局部变量生存期。

【程序代码】

```
1    function greet():void{
2        var count:int = 0;
3        count++;
4        trace("第"+count+"次问候了!");
```

```
5      }
6      greet ();
7      greet ();
```

【代码说明】

第 1~5 行   定义了一个函数 greet ( )，在函数体中声明变量 count，并赋初值为 0，接着将变量 count 加 1，最后利用 trace( )语句将 count 值输出。

第 6 行   调用 greet( )函数。

第 7 行   再次调用 greet( )函数。

按 Ctrl+Enter 组合键测试代码效果，观察结果时发现，trace 函数显示的 count 变量值两次都是 1！如图 7-17 所示。

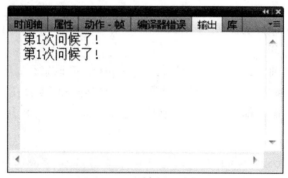

图 7-17   局部变量生存期

这是为什么呢？

这是因为，一个在函数中所声明定义的变量，只存在于函数的执行周期，当函数开始执行时，该变量会被创建，而当函数执行完毕后，该变量也跟着消失。

这段代码中，虽然第一次调用 greet( )函数时，count 变量被创建并赋初始值 0，接着加 1，然后输出"第 1 次问候了！"，最后 count 变量随着本次函数调用执行完毕而消失。接着外部第 2 次调用 greet( )函数，此时 count 变量会被重新创建并赋初始值 0，接着加 1，然后输出"第 1 次问候了！"，最后它也将随着本次调用执行完毕而消失。

对于函数来说，无论函数里发生什么，就让它留在函数里吧。在 greet( )函数内 count 变量的"生命期"仅有函数执行时间那么长。调用 greet( )函数时 count 被声明，而函数结束执行时 count 就不存在了。

如何才能正确记录 greet( )函数的调用次数呢？其实，很简单，只需要在函数外部声明 count 变量即可，让函数可以存取函数之外的变量。代码如下：

```
var count:int = 0;
function greet (){
    count++;
    trace("第"+count+"次问候了");
}
greet ();
```

greet ();

　　程序代码与先前的非常相似，不同点在于声明 count 变量的位置。这次是在函数 greet( ) 外面声明变量 count，也就是说，变量 count 不是局部变量。观察执行结果发现，这次不会清除变量 count 的值，count 同时进行了两次递增计算。

在 ActionScript 3.0 编程中要时常注意变量的作用域问题。

案例 7-9：全局变量与局部变量重名。

【程序代码】

```
1    var num:int = 10;
2    funciton addNum():void{
3        var num:int = 5;
4        num ++;
5        trace("在函数里面，局部变量 num 的值："+ num);
6    }
7    addNum ();
8    trace("在函数外面，全局变量 num 的值："+ num);
```

【代码说明】

第 1 行　定义了一个整型变量 num 并赋初始值为 10。

第 2~5 行　定义了一个函数 addNum( )，在该函数中也声明了一个整型变量 num，并赋初值为 5。紧接着将变量 num 的值加 1，再利用 trace( )语句对 num 的值进行输出。

第 7 行　调用 addNum( )函数。

第 8 行　利用 trace( )语句对 num 的值进行输出。

按 Ctrl+Enter 组合键测试代码效果，在输出面板输出的结果如图 7-18 所示。

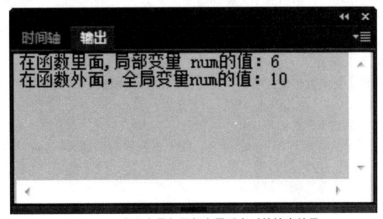

图 7-18　全局变量与局部变量重名时的输出结果

这是因为在函数里定义的变量 num 将被视为局部变量，它只存在于函数的执行周期，当函数执行完毕后，该变量也跟着消失。而在函数外面定义的变量 num 则可视为全局变量，它会一直存在于它所处的时间轴。

在 addNum() 函数执行时，在一个作用域内全局变量与局部变量重叠，局部变量会屏蔽外部的全局变量，因此在 addNum() 函数内操作的 num 为其内部定义的局部变量 num。而在函数外部调用的 trace（"在函数外面，全局变量 num 的值:" + num);语句输出 num 时，由于局部变量已经退出作用域，因此此处引用的是全局变量 num。局部变量和全局变量可以重名，但表示的是不同的变量，它们的生存期和作用域均不一样。

如果要在函数里修改全局变量，应该怎么办呢？很简单，以上面的例子来说，只要将 addNum() 函数第 1 行的变量声明（var num：int = 5;）删除就行了。当函数里面出现未在函数内声明，而且与函数外部的全局变量同名的变量，它就认定要存取外面的全局变量。因此，在下面的程序执行之后，输出面板将显示"num 变量值：11"。

```
1    var num:int = 10;
2    funciton addNum():void{
3        num ++;
4    }
5    addNum ();
6    trace("num 变量值:"+ num);
```

在函数内当局部变量与全局变量重名时，处理规则是局部变量屏蔽全局变量。虽然它们名称相同，但是它们在内存里占据了不同的内存地址，所以彼此之间并不相通。

▶▶▶ 7.2.3 为何需要函数

函数的出现和应用，并不是某个大师心血来潮、灵机一动想出来的，而是经过千千万万个程序员长期实践和摸索出来的。善用函数，可以达到事半功倍的效果。那么函数究竟有何魔力引得程序员趋之若鹜呢？

1. 代码可以重复使用

系统提供的预定义函数就是封装了一段代码，隐藏了内部的实现细节。例如，时间轴播放控制命令 prevFrame()，在其内部会进行如下处理：

（1）获取当前播放头所在的帧编号；

（2）判断当前帧是否处于第 1 帧，若是，则不进行跳转，播放头保持不动；否则向前跳动 1 帧；

（3）调用 stop() 指令，暂停播放。

但是，在调用 prevFrame() 函数时，就没有必要了解其内部实现细节，只要知道它的功能是向前移动 1 帧即可。

若将完成一定功能的代码封装起来，就可以使用自定义函数来实现。例如，家里小朋友经常要开电视看，家长如果每次都一一指示：

插电源;

开机;

拿遥控;

选频道;

设音量;

这些，那实在是太麻烦了。如果家长事先将这些步骤封装起来，并给它取个名字"开电视"，以后小朋友要想开电视，不需要再次重复对他讲插电源、开机……指令，只需要简单地说"开电视"，小朋友就会自动执行开电视的各个步骤。这个"开电视"指令可以看作是自定义函数。

2. 可以化繁为简

函数除了可以重复使用之外，还有另外一个好处就是它可以将复杂的程序简单化，达到化大为小，化繁为简的目的。在编写复杂的程序代码时，如果一个代码段包含的行数太多，那么理解起来就会比较困难。通常会依据其各部分功能，将它划分成数个小型的模块，将各个功能区分开来后，不仅比较容易解决复杂的问题，倘若将来程序出了问题，也比较容易找出错误的根源。例如，有下面一段伪代码：

```
香港一日游{
    早晨7点半深大北门集合;
    分发早餐面包和水;
    前往深圳湾口岸;
    从深圳湾口岸过关;
    坐车到达香港中环;
    游览太平山顶;
    在山顶餐厅吃饭;
    游览海洋公园;
    游览金紫荆广场;
    在铜锣湾时代广场购物;
    在铜锣湾闹市区品尝小吃;
    坐车到深圳湾口岸;
    深圳湾口岸过关;
    抵达深大北门;
    散团各自回家;
}
```

它表示的是某个旅行社定制的香港一日游的整个行程。但是这样就像平铺直叙的流水账一样，让人看起来很乏味。好的旅行社一般会将香港一日游分成三大阶段，先是去香港，然后是游香港，最后是返回深圳。所以应该先写如下代码：

```
香港一日游{
```

```
    去香港;
    游香港;
    返回深圳;
}
```

那么接下来就需要交代如何去香港、游香港和返回深圳的问题。每个都需要定义成一个函数，如下：

```
去香港{
    早晨 7 点半深大北门集合;
    分发早餐面包和水;
    前往深圳湾口岸;
    深圳湾口岸过关;
    坐车到达香港中环;
}

游香港{
    游览太平山顶;
    在山顶餐厅吃饭;
    游览海洋公园;
    游览金紫荆广场;
    在铜锣湾时代广场购物;
    在铜锣湾闹市区品尝小吃;
}

返回深圳{
    坐车到深圳湾口岸;
    深圳湾口岸过关;
    抵达深大北门;
    散团各自回家;
}
```

这样就将一个大任务分解成了几个小任务，使得程序更加便于阅读。所以，当要开发一个复杂的程序的时候，可以先将它细分为比较小型、也比较简单的程序，将这些程序都构建成函数，最后再组合成一个大型的程序。

3. 可以使代码功能成为共用功能

在复杂的程序中，多个位置可能用到相同或类似功能的指令。如果将同样的处理指令独立出来，整合成一个函数，就可以实现代码的共用，大大减少代码的冗余度。例如，在前面章节中，学习了如何利用世界卫生组织推荐的 BMI 指数计算方法来了解身体肥胖状况，现在我们部门里的小赵、小钱、小孙和小李四位女同事非常想了解她们的 BMI 指数，如果不使用函数，需要在程序中重复输入 4 次以上代码，同时为了保证在同一个函数中变量不重名，还要将存储每个人的身高、体重和 BMI 值的变量名修改为不同名称。

如果用程序来分别计算的话，如下：

```
//计算小赵的 BMI 值
var zhaoWeight:Number = 80;
var zhaoHeight:Number = 165;
var zhaoBMI:int;
//根据 BMI 计算公式,进行计算
zhaoBMI = int(zhaoWeight/ (zhaoHeight / 100) * (zhaoHeight / 100));
//开始评估体重状况
if(zhaoBMI >= 35){
    trace( "重度肥胖");
}else if(zhaoBMI >= 30){
    trace( "中度肥胖");
}else if (zhaoBMI >= 27){
    trace("轻度肥胖");
}else if (zhaoBMI >= 24){
    trace( "超重");
}else if (zhaoBMI >= 18){
    trace("适当");
}else{
    trace( "过轻");
}


//计算小钱的 BMI 值
var qianWeight:Number = 65;
var qianHeight:Number = 148;
var qianBMI:int;
//根据 BMI 计算公式,进行计算
qianBMI = int(qianWeight/ (qianHeight / 100) * (qianHeight / 100));
//开始评估体重状况
if(qianBMI >= 35){
    trace( "重度肥胖");
}else if(qianBMI >= 30){
    trace( "中度肥胖");
}else if (qianBMI >= 27){
    trace("轻度肥胖");
```

```
    }else if (qianBMI > = 24){
        trace( "超重");
    }else if (qianBMI > = 18){
        trace("适当");
    }else{
        trace( "过轻");
    }


//计算小孙的 BMI 值
var sunWeight:Number = 43;
var sunHeight:Number = 155;
var sunBMI:int;
//根据 BMI 计算公式,进行计算
sunBMI = int(sunWeight/ (sunHeight / 100) * (sunHeight / 100));
//开始评估体重状况
if(sunBMI > = 35){
    trace( "重度肥胖");
}else if(sunBMI > = 30){
    trace( "中度肥胖");
}else if (sunBMI > = 27){
    trace("轻度肥胖");
}else if (sunBMI > = 24){
    trace( "超重");
}else if (sunBMI > = 18){
    trace("适当");
}else{
    trace( "过轻");
}


//计算小李的 BMI 值
var liWeight:Number = 90;
var liHeight:Number = 170;
var liBMI:int;
//根据 BMI 计算公式,进行计算
liBMI = int(liWeight/ (liHeight / 100) * (liHeight / 100));
//开始评估体重状况
if(liBMI > = 35){
    trace( "重度肥胖");
}else if(liBMI > = 30){
```

```
        trace( "中度肥胖");
    }else if (liBMI > = 27){
        trace("轻度肥胖");
    }else if (liBMI > = 24){
        trace( "超重");
    }else if (liBMI > = 18){
        trace("适当");
    }else{
        trace( "过轻");
    }
```

虽然通过上面的程序可以算出小赵、小钱、小孙和小李四位员工的 BMI 值并给出提示，但是代码显得非常冗余，再者，如果部门其他女同事不断地来计算的话，将会导致代码量不断增大，显然以这种方式来计算虽然可行，但不科学。

仔细观察一下这段代码就会发现，在计算每个人的 BMI 时采用相同的算法进行处理，只是每个人的身高和体重不一样才导致 BMI 指数不同。因此可以将计算 BMI 指数的算法提取出来，整合成一个函数，用来计算 BMI 指数。程序如下：

```
function computeBMI( yourWeight:Number,yourHeight:Number) {
    var yourBMI:Number;
    yourBMI = int(yourWeight/ (yourHeight / 100) * (yourHeight / 100));
    //开始评估体重状况
    if(yourBMI> = 35){
        trace( "重度肥胖");
    }else if(yourBMI> = 30){
        trace( "中度肥胖");
    }else if (yourBMI> = 27){
        trace("轻度肥胖");
    }else if (yourBMI > = 24){
        trace( "超重");
    }else if (yourBMI> = 18){
        trace("适当");
    }else{
        trace( "过轻");
    }
}
//计算小赵的 BMI 值
var zhaoWeight:Number = 80;
var zhaoHeight:Number = 165;
computeBMI(zhaoWeight, zhaoHeight);
```

```
//计算小钱的 BMI 值
var qianWeight:Number = 65;
var qianHeight:Number = 148;
computeBMI(qianWeight, qianHeight);

//计算小孙钱的 BMI 值
var sunWeight:Number = 43;
var sunHeight:Number = 155;
computeBMI(sunWeight, sunHeight);

//计算小李的 BMI 值
var liWeight:Number = 90;
var liHeight:Number = 170;
computeBMI(liWeight, liHeight);
```

以后不管有多少员工，都直接可以调用 computeBMI（）函数，传入每个人的身高和体重即可。这样我们把共用的代码和功能提取出来整合成函数，通过重复使用函数而不是每次重复输入整个代码块，大大减少了代码冗余度，同时还使代码更具有可读性，也更有效率。

▶▶ 7.3 项目实战

项目名称：算术计算器。

项目描述：本项目模拟现实生活中的简易算术计算器，具备加、减、乘、除等四则运算功能，效果如图 7-19 所示。

图 7-19   计算器

项目分析：

计算器上有 0~9 共 10 个数字按钮、加减乘除 4 个运算符号按钮、清除按钮（C）和计算按钮（＝），使用者主要通过以上按钮进行四则运算。刚开始，用户输入第 1 个运算数，接着输入运算符号，然后输入第 2 个运算数，最后按计算按钮（＝）进行运算，得到运算结果。

很显然，需要定义两个变量分别用来存储第 1 个运算数和第 2 个运算数。同时还需要定义一个变量用来存储用户输入的运算符号。当用户单击计算按钮（＝）进行计算时，将第 1 个运算数和第 2 个运算数读取出来，然后根据用户输入的运算符进行计算即可。

但这里有个非常关键的问题，即用户在输入的过程中，如何判断所输入的数是第 1 个运算数还是第 2 个运算数。稍加考虑，可以想象到，在运算符号前输入的是第 1 个运算数，在运算符号后输入的是第 2 个运算数。因此可以设置一个布尔类型变量，标记是否开始输入第 2 个运算数。

在计算器的使用过程中，还需要一个动态文本框作为显示屏显示用户的输入和计算结果。

制作步骤：

（1）制作 0~9 十个数字按钮，并将它们按照对应的序号分别命名为"number0_btn"，"number1_btn"，…，"number9_btn"。

（2）制作加减乘除四个运算符号按钮，并将它们按照一定的序号分别命名"sign1_btn"，"sign2_btn"，…，"sign4_btn"。

（3）制作运算按钮（＝）和清除按钮（C），并将它们分别命名为"calculate_btn"和"clear_btn"。

（4）在舞台上加入一个动态文本框用来作为显示屏，并将其实例名命名为"show_txt"。

（5）按照图 7-19，将上述按钮和文本框进行布局。

（6）定义并初始化存储第 1 个操作数、第 2 个操作数、运算符号等变量，代码如下：

```
1    var show_str:String = "";//存储用户的输入
2    var sign:String = "";//存储输入的运算符号，若为空表示目前没有符号
3    var operand1:String = "";//存储输入的第 1 个运算数
4    var operand2:String = "";//存储输入的第 2 个运算数
5    var startOperand2:Boolean = false;//标志是否开始输入第 2 个运算数
6    addEventListeners();//为所有按钮注册鼠标单击事件侦听器
```

定义字符串变量 show_str 用来记录用户的输入，显示屏根据其内容显示，定义字符串变量 operand1 用来存储第 1 个运算数，定义字符串变量 operand2 用来存储第 2 个运算数。这里将两个运算数变量的类型设为字符串，目的是让使用者输入数字时可以一直拼接，例如先按 2，再按 3，则拼接为 "23"。

定义字符串变量 sign 用来存储用户输入的运算符号，定义布尔型变量 startOperand2 用来指示是否可输入第 2 个运算数，并设置初始值为 false，表示尚未开始输入第 2 个运算数。

最后调用自定义函数 addEventListeners()为所有按钮注册鼠标单击事件侦听器。

（7）自定义 addEventListeners()事件处理函数为所有按钮注册鼠标单击事件侦听器，代

码如下：

```
7    function addEventListeners():void{
8        //为 10 个数字按钮注册鼠标单击事件侦听器
9        for (var i:int = 0; i< = 9; i++){
10           this. getChildByName((("number" + i) + "_btn")).
11           addEventListener(MouseEvent. CLICK, numberHandler);
12       }
13       //为 4 个符号按钮注册鼠标单击事件侦听器
14       for (var j:int = 1; j< = 4; j++){
15           this. getChildByName((("sign" + j) + "_btn")).
16           addEventListener(MouseEvent. CLICK, signHandler);
17       }
18       //为等号计算按钮注册鼠标单击事件侦听器
19       calculate_btn. addEventListener(MouseEvent. CLICK, calculateHandler);
20       //为清除按钮注册鼠标单击事件侦听器
21       clear_btn. addEventListener(MouseEvent. CLICK, clearHandler);
22   }
```

为了使代码更加清晰，这里自定义函数 addEventListeners( ) 为所有按钮注册鼠标单击事件侦听器。事先特意为数字按钮和运算符号按钮按照一定的序号命名，目的在于这里便于利用循环语句批量注册鼠标单击侦听器。同时为了便于处理，所有数字按钮鼠标单击事件统一由 numberHandler( ) 事件处理函数负责响应和处理；所有符号按钮鼠标单击事件统一由 signHandler( ) 事件处理函数负责响应和处理。

（8）定义数字按钮事件处理函数 numberHandler( )，代码如下：

```
23   //numberHandler()事件处理函数负责响应和处理数字按钮被单击事件
24   function numberHandler(e:MouseEvent){
25       var inputNumber:String = getNumber(e. target. name);
26       if (startOperand2 == false){//表示输入第 1 个运算数
27           operand1 + = inputNumber;
28       }else{//表示输入第 2 个运算数
29           operand2 + = inputNumber;
30       }
31       show_str + = inputNumber;
32       show_txt. text = show_str;
33   }
```

numberHandler( ) 事件处理函数负责响应和处理数字按钮被单击事件。由于所有的数字按钮单击事件均由 numberHandler( ) 函数负责处理，因此，需要通过 e. target. name 确定按钮名字，继而获取所输入的数字。比如，当被单击的数字按钮名称是 number0_btn 时，用户所输入的数字就是 0。这个转化过程通过自定义函数 getNumber( ) 完成，传入数字按钮名称，即可返回该数字按钮所对应的数字。

在获取用户的输入数字后，还需要根据布尔变量 startOperand2 判断该数是第 1 个运算数还是第 2 个运算数，根据判断的结果，将输入的数字拼接到对应的运算数上。

为了在显示屏上显示最新的输入信息，需要将刚输入的数字拼接到 show_str 字符串，并将拼接后的结果值在显示屏中显示。

（9）定义 getNumber( ) 事件处理函数，用于取得数字按钮上的数字，代码如下：

```
34      function getNumber(operand:String):String{
35          var yourNum:String = "";
36          switch (operand){
37              case "number0_btn" :
38                  yourNum = "0";
39                  break;
40              case "number1_btn" :
41                  yourNum = "1";
42                  break;
43              case "number2_btn" :
44                  yourNum = "2";
45                  break;
46              case "number3_btn" :
47                  yourNum = "3";
48                  break;
49              case "number4_btn" :
50                  yourNum = "4";
51                  break;
52              case "number5_btn" :
53                  yourNum = "5";
54                  break;
55              case "number6_btn" :
56                  yourNum = "6";
57                  break;
58              case "number7_btn" :
59                  yourNum = "7";
60                  break;
61              case "number8_btn" :
62                  yourNum = "8";
63                  break;
64              case "number9_btn" :
```

```
65              yourNum = "9";
66              break;
67          }
68          return yourNum;
69      }
```

此段代码是根据数字按钮名称获取其上对应的数字，代码比较容易理解，在此不再赘述。

（10）定义符号按钮事件处理函数 signHandler( )，代码如下：

```
70      //signHandler()事件处理函数负责响应符号按钮被单击事件
71      function signHandler(e:MouseEvent){
72          //如果输入了运算符号,或者还未输入数字,不予处理
73          if (sign!="" || show_str==""){
74              return;
75          }
76          sign = getSign(e. target. name);
77          show_str += sign;
78          show_txt. text = show_str;
79          startOperand2 = true;//第 1 个运算数已输入完毕
80      }
```

signHandler( )事件处理函数负责响应和处理符号按钮被单击事件。如果已经输入了运算符号，或者是还未输入任何数字，则不予处理。由于所有的符号按钮单击事件均由 signHandler( )事件处理函数负责处理，因此，需要通过 e. target. name 确定按钮名字，继而获取所输入的符号。比如，当被单击的符号按钮名称是 sign1_btn 时，则用户所输入的符号就是"+"。这个转化过程通过自定义函数 getSign( )完成，传入符号按钮名称，即可返回该符号按钮所对应的运算符号。

为了在显示屏上显示最新的输入信息，需要将刚输入的符号拼接到 show_str 字符串，并将拼接后的结果值在显示屏中显示。

由于已经输入了运算符号，将要输入第 2 个运算数，因此设置布尔变量 startOperand2 的值为 true。

（11）定义 getSign( )事件处理函数，用于取得运算符按钮上的符号，代码如下：

```
81      // getSign()事件处理函数用于取得运算符按钮上的符号
82      function getSign(sign:String):String{
83          var yourSign:String;
84          switch (sign){
85              case "sign1_btn" :
86                  yourSign = "+";
87                  break;
```

```
88              case "sign2_btn" :
89                  yourSign = "- ";
90                  break;
91              case "sign3_btn" :
92                  yourSign = "×";
93                  break;
94              case "sign4_btn" :
95                  yourSign = "÷";
96                  break;
97          }
98          return yourSign;
99      }
```

此段代码是根据符号按钮名称获取其上对应的符号，代码比较容易理解，在此不再赘述。

（12）定义运算按钮事件处理函数 calculateHandler（），代码如下：

```
100     //calculateHandler ()事件处理函数负责响应和处理运算按钮(＝)被单击事件
101     function calculateHandler(e:MouseEvent){
102         //只有输入了第 2 个运算数才允许计算
103         if (operand2! ＝ "") {
104             show_str += "＝";
105             var calResult:String ＝ String(calculate());
106             show_str += calResult ;
107             show_txt. text ＝ show_str;
108         }
109     }
```

calculateHandler（）事件处理函数负责响应和处理运算按钮（＝）被单击事件。当此事件被触发后，意味着用户输入完成，期望得到运算结果。但是，在计算结果之前，需要判断用户是否已经完成了有效的输入，最简单的就是判断第 2 个运算数是否输入了。因此只需要判断 operand2 的值是否为空，若不为空，则表示第 2 个运算数已经输入，否则未输入。

为了显示结果，需要将 "＝" 和运算结果拼接到 show_str 上，并将其在显示屏上显示。将运算过程定义成一个函数 calculate（），它负责根据用户所输入的两个运算数和运算符号将结果计算出来。

所有计算完毕，为了用户使用方便，比如可以在运算结果的基础上继续进行运算，这个时候，此时的运算结果其实就可以赋值为第 1 个运算数 operand1，而运算符号 sign 和第 2 个运算数将被清除掉，以便用户输入。同时需要将运算结果赋值给 show_str，以便显示屏下次显示时，能清除本次运算过程，而显示下次运算过程。

（13）定义 calculate（）事件处理函数，进行四则运算，代码如下：

```
110    //calculate()事件处理函数进行四则运算
111    function calculate():Number{
112        var calResult:Number;
113        switch (sign){
114            case "+" :
115                calResult = Number(operand1) + Number(operand2);
116                break;
117            case "- " :
118                calResult = Number(operand1) - Number(operand2);
119                break;
120            case "×" :
121                calResult = Number(operand1) *  Number(operand2);
122                break;
123            case "÷" :
124                calResult = Number(operand1) /Number(operand2);
125                break;
126        }
127        return calResult;
128    }
```

根据所输入的运算符号以及运算数，通过 switch 语句进行对应的运算，最后将运算结果通过函数返回值的形式返回。

（14）定义 clearHandler( )事件处理函数，响应清除按钮被单击事件，系统回到初始状态，代码如下：

```
129    //clearHandler()事件处理函数负责响应清除按钮被单击事件
130    function clearHandler(e:MouseEvent){
131        show_str = "";
132        show_txt. text = "";
133        operand1 = "";
134        operand2 = "";
135        sign = "";
136        startOperand2 = false;
137    }
```

此段代码主要作用是清除显示屏上的内容以及使系统恢复到初始状态。例如，用于记录用户输入的 show_str 变量需要置空，即文本框 show_txt 内容清空，存储第 1 个和第 2 个运算数的变量 operand1 和 operand2 均置空，sign 置空标志输入第 2 个运算数的布尔值置为 false。

按 Ctrl+Enter 组合键测试代码效果。

▶▶ 7.4　本章小结

本章中，我们主要学习了：

- 函数出现的背景就是需要重复使用代码。
- 函数的本质就是封装了一段代码用以实现一个功能。
- 定义函数需要使用 function 关键字。
- 定义函数时的三要素：函数名、形参列表和返回值，函数又可以分为有参函数和无参函数、有返回值函数和无返回值函数、预定义函数和自定义函数。
- 函数通过 return 关键字返回结果。
- 函数可以嵌套调用，但调用层次不宜过深。
- 变量作用域遵循最小化原则与就近原则，每个变量都有作用域和生存期。
- 函数有以下几大好处：可以重复使用代码、化繁为简和可以使代码功能成为共用功能。

常用英语单词含义如下表所示。

英　文	中　文
clear	清除
void	空白
function	函数、功能
interval	间隔
return	返回
sign	符号、信号

课 | 后 | 练 | 习

一、问答题

1. 函数是什么，它有什么作用？

2. 局部变量与全局变量有何不同？

二、判断题

1. 函数不可以嵌套定义，但可以嵌套调用（　　　）。

2. 函数可以没有返回值（　　　）。

3. 函数体不可为空（　　　）。

三、选择题

1. 以下叙述错误的是（　　　）。

A. 函数里声明的变量不能在函数外部使用

B. 在不同的函数中可以使用相同名字的变量

C. 函数一旦执行到 return 语句，就立即结束函数的执行，返回到调用函数处

D. 函数必须要有一个或以上的参数

2. 下面可以作为函数名称的是（　　）。

A. function　　　B. 12ab　　C. ＊abc　　　D. ＿abc

3. 有关函数，下面叙述不正确的是（　　）。

A. 定义函数需要使用 function 关键字

B. 函数名命名规则与变量相同

C. 若函数无返回值，则函数类型为 void

D. 函数体中必须包括 return 语句

四、实操题

1. 编写一个函数，求任意两个正整数之间的累加之和。

2. 制作一个骰子影片剪辑，里面放入 6 帧，分别显示骰子点数 1 画面、骰子点数 2 画面……骰子点数 6 画面。编写一个函数，模拟控制骰子点数随机出现，影片剪辑随机跳转。

第8章 数 组

▶▶ 8.1 创建数组

在编程中，经常会碰到一些数据需要放在一起使用，比如要处理某个班级所有学生的某科成绩，需要按照顺序依次输出每个学生的成绩，求出平均分，找出最高分和最低分等。显然，使用多个单变量来表达和存储这些成绩数据是不可行的，这样会导致需要声明定义大量的单变量。定义的这些单变量不仅难以管理，比如需要大量的变量命名，而且也不便于对数据进行处理，比如无法使用循环结构对大量成绩数据进行遍历访问。为了解决批量数据的存储、访问、修改等问题，数组应运而生。几乎所有的编程语言都支持数组，只不过定义和使用方式各有差异而已。

数组是编程语言中比较常见的一种数据结构，它可用于存储多个数据，一个数据被称为数组元素，通常可通过数组元素的索引来访问数组元素，包括为数组元素赋值和读取数组元素的数据。在 ActionScript 3.0 语言中，数组被当作对象，下面将详细介绍 ActionScript 3.0 语言的数组。

▶▶▶ 8.1.1　何谓数组

在编程中，经常要将一些数据放在一起进行处理。比如求一个学生的平均成绩。在没学数组之前，需要定义多个变量来存储每一门科目的成绩，然后对这些变量求平均值，如下所示：

var score1:Number = 80. 5;

var score2:Number = 70;

var score3:Number = 65;

var avg:Number = (score1 + score2 + score3) / 3

随着课程的增加，相应的变量也不断增加。使用这种方法来存储和使用数据实在是太烦琐了，有没有什么简单的方法呢？

在日常生活中，经常将学生的成绩制成表格，如表 8-1 所示。

表 8-1　学生成绩表

序号	姓名	学号	语文	数学	英语	平均成绩
1	张三	01432065	60	63	90	71
2	王四	01432066	75	90	60	75
⋮	⋮	⋮	⋮	⋮	⋮	⋮

为了实现表 8-1 中存储方式，ActionScript 3.0 提供了一种类似而且有效的解决方法——数组。

可见，数组是多种数据的集合。数组的定义和一般数据变量的定义相似，只是因为数组是批量数据的保存形式。在 ActionScript 3.0 中，所有数组都是 Array 类的对象。一旦创建了 Array 对象，就可以使用 Array 类的方法对数组中的元素进行创建、排序、添加、检索和删除等。

▶▶▶ 8.1.2　创建数组

 学一学

在 ActionScript 3.0 中，数组必须要先声明（或定义）后使用，声明数组的关键字是 Array。实际上构造一个数组很简单，可以采用如下三种方法。

方法 1. 定义数组时不指定任何参数，则创建的数组长度为 0。

var 数组名 1 :Array = new Array();

方法 2. 定义数组时仅指定长度，则创建的数组元素数等于 length。但这些元素没有值。

var 数组名 2 :Array = new Array(length);

方法 3. 定义数组时使用"元素列表"参数指定值，则创建具有特定值的数组。

var 数组名 3 :Array = new Array(元素 1, 元素 2, 元素 3,…,元素 n);

其实，除此之外，还有一个更简单的定义方法，即直接用方括号把数组元素组织起来赋值给数组对象。例如：

var scores:Array = [55,68,97,70,78];

下面使用 Array( )构造方法新建一个数组对象。

var scores:Array = new Array();

当数组实例化后，就可以引用数组中的任意一个元素，引用形式为：

数组名[下标表达式];

其中"下标表达式"表示数组中的某个元素的顺序号，必须是整型常量、整型变量或整型表达式。在数组中，每一个元素都有一个唯一的下标，该值从 0 开始。数组的下标总是从 0 开始，数组的第 1 个位置是 0，第 2 个位置是 1，也就是下标 0 代表了数组中的第 1 个元素，下标 1 代表了数组中的第 2 个元素，依次类推。如图 8-1 所示。

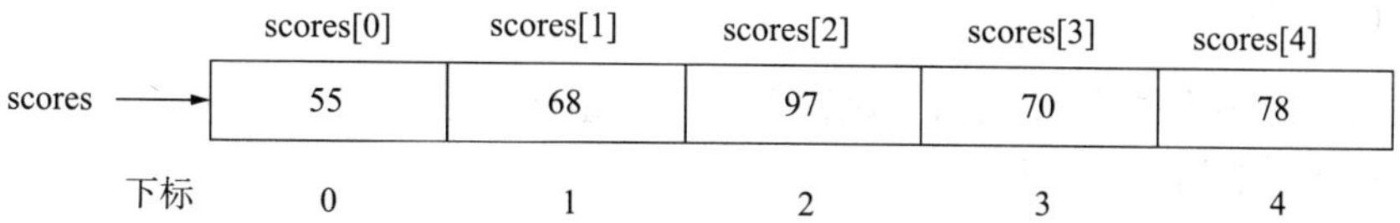

图 8-1　数组示意图

可以看出，数组的索引元素是按照整数排序的值序列。在数组中可以通过下标来访问（对其进行读写）数组中的各个元素。数组中的各个元素是可以按照某种顺序逐个依次访问的，而数组的下标表示的是要访问的数据元素的序号。

实际上，可以将数组看成大学校园内的一栋教学楼，由于可能存在多栋教学楼，还会为每栋教学楼起个名字（数组名），而教学楼内的一个个连续的教室就可以看成是数组的每个元素。为方便师生上课，给每个教室进行连续编号（数组下标），而师生正是通过这些教室的编号，快速找到某个教室。

使用下标访问数组元素特别要注意的是，数组的下标是从 0 开始的，数组下标的取值范围为 0~数组元素个数-1。例如，一个数组元素个数为 n 的数组，其下标的取值范围是 0 到 n-1。对于上述定义，scores 数组的 5 个元素应是：scores [0]，scores [1]，scores [2]，scores [3]，scores [4]。注意：最后一个数组元素是 scores [4]，而不是 scores [5]。该数组不存在数组元素 scores [5]，它是非法的，当程序使用 scores [5] 访问数组元素时，会访问到数组以外的内存区域，引起数组访问越界的错误。

使用下标访问数组元素的形式，更多地应用在循环结构中，通常将循环变量作为数组的下标来实现数组元素的逐个依次访问。例如，下面将逐一输出 scores 数组里的每个元素：

```
var scores:Array = [55,68,97,70,78];
for(var i:int = 0;i<scores. length;i++){
    trace(scores[i]);
```

```
}
/* 输出:
    55
    68
    97
    70
    78
* /
```

数组的 length 属性返回数组里元素的个数,即数组长度。

要设置数组某个索引位置的元素,需要调用 Array 数组对象的名字,跟上方括号括起来的索引值,接着是赋值运算符"="和将要设置的值。

数组名[下标] = 值;

例如,要将上述数组 scores 的第 1 个元素的值修改为 80,代码如下:

scores[0] = 80;

要检索某个下标位置的元素值,则需要调用数组的名字跟上下标位置。例如,输出数组 scores 的第 1 个元素的值,代码如下:

trace(scores[0]);

还需要注意的是,数组如同变量一样,一定要先定义后使用。

用一用

案例 8-1: 创建一个数组,将某学生的五门课程成绩存入数组并输出。
【程序代码】

```
1    //定义数组
2    var scores:Array = new Array();
3
4    //将成绩存入数组
5    scores[0] = 55;
6    scores[1] =68;
7    scores[2] = 97;
8    scores[3] = 70;
9    scores[4] = 78;
10
11   //打印数组中的数据
12   trace(scores[0]);
13   trace(scores[1]);
14   trace(scores[2]);
```

```
15    trace(scores[3]);
16    trace(scores[4]);
```

【代码说明】

第 2 行 定义一个数组对象 scores 并实例化。

第 5~9 行 将五科成绩分别存入数组中。

第 12~16 行 通过数组下标，读取数组中各个元素的值。

案例 8-2：遍历存储成绩的数组，求平均分。

【案例分析】

首先定义一个一维数组存放成绩数据，然后在循环中逐个累加每个成绩求出总分，最后用总分除以总科目数求出平均分。流程图如图 8-2 所示。

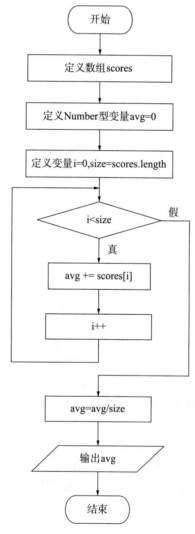

图 8-2 求成绩平均分流程图

【程序代码】

```
1        //创建数组
2        var scores:Array = new Array();
3        //将成绩存入数组
4        scores[0] = 55;
5        scores[1] = 68;
6        scores[2] = 97;
7        scores[3] = 70;
8        scores[4] = 78;
9
10       //定义平均值变量，默认平均值为 0
11       var avg:Number = 0;
12       //遍历数组（注意下标从 0 开始）
13       for (var i =0; i < scores. length; i++ ) {
14           //将成绩累加
15           avg += scores[i];
16       }
17       //求平均值
18       avg = avg / 5;
19       //打印平均值
20       trace("成绩均为:" + avg);
```

【代码说明】

第 1 行　定义数组 scores 并实例化

第 4~8 行　将五科成绩分别存入数组中。

第 11 行　定义平均值变量 avg，默认平均值为 0，用来存储计算出的平均值。

第 13~16 行　通过 for 循环语句来遍历数组中成绩元素，并将成绩累加。数组的长度通过数组的属性 length 来获取。

 想一想

针对案例 8-2，如果将循环中的数组长度改为大于 5 的整数，结果会怎样？

案例 8-3：模拟洗牌发牌。

【案例分析】

本案例模拟三人斗地主游戏洗牌发牌，通过随机洗牌，每个玩家分得 17 张牌，剩下 3 张底牌。每次单击洗牌按钮，则重新洗牌发牌。效果图如图 8-3 所示。

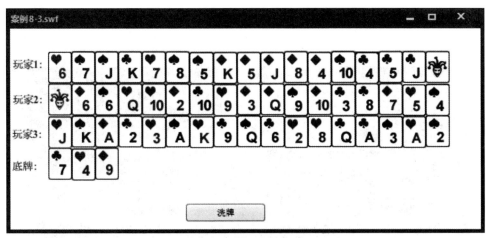

图 8-3　模拟洗牌发牌

本案例通过四个关键步骤来实现。

第 1 步，初始化游戏数据，即存储 54 张牌。需要用一个数组来存储 54 张扑克牌，可以是顺序排列，也可以是随机排列，这里定义一个一维数组存储 54 张扑克牌，并按照一定顺序排列。数组单元依次存储 "大王" "小王"，"红 A" 到 "红 K"，"黑 A" 到 "黑 K"，"花 A" 到 "花 K"，"方 A" 到 "方 K" 等 54 个字符串元素，用来表示 54 张牌的名称。之后在舞台上的扑克牌顺序都是根据此数组里面存储的每个元素名称来对应显示的。

第 2 步，初始化游戏界面，即按照数组元素默认顺序输出对应的扑克牌。此时若在舞台上直接输出数组元素内容将会直接显示扑克牌名称，这样不是太合适。这里根据数组元素存储的扑克牌名称显示对应的扑克牌图片。因此接下来需要制作具有 54 个关键帧的扑克影片剪辑元件，每个关键帧显示一张扑克牌，并且给每个关键帧设置帧标签。例如，显示红桃 A 图片的关键帧，则将其帧标签命名为"红 A"，与前面数组存储的扑克牌名称相对应，方便之后根据数组里面的元素名称进行对应的跳转。如图 8-4 所示。将 54 张牌序列影片剪辑元件导出为类，关联类名为"Poker"。循环遍历读取数组每个元素的内容后，在舞台上动态生成 54 个扑克影片剪辑实例并跳转到对应的帧标签。例如，在数组中读取元素"红 A"，则在舞台上动态生成一个扑克影片剪辑实例，并将其上的播放头跳转到帧标签"红 A"处，实现一一对应。

第 3 步，洗牌。为了模拟洗牌的过程，这里采用随机抽取两张牌进行两两交换，也就是随机产生两个数组下标，然后交换这两个数组元素内容。交换多次之后就能达到充分洗牌的效果，这里通过循环语句控制两两交换 10 000 次。在舞台上放置一个洗牌按钮 shuffle_btn，每单击一次，重新洗牌发牌一次。

第 4 步，输出牌。在第 3 步充分两两交换数组里面的元素内容后，存储在扑克牌的数组里面的元素内容顺序已经完全随机打乱，达到了充分洗牌的效果。这时直接遍历数组，按照数组元素内容跳转到对应的帧标签，以显示相应的扑克牌图片。

最后，在主时间轴上新建代码图层 as，并在第 1 帧添加代码。

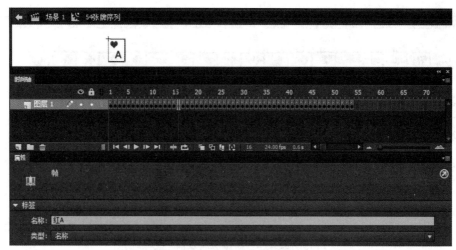

图 8-4　扑克牌影片剪辑元件

```
1    //定义 cards 数组,将所有的牌存储在此数组中
2    var cards:Array ;
3
4    //定义 initGame()函数,用于初始化游戏,包括初始化数据和初始化游戏界面
5    function initGame(){
6        //第 1 步,初始化游戏数据
7        cards = ["大王","小王",
8            "黑 A","黑 K","黑 Q","黑 J","黑 10","黑 9","黑 8"," 黑 7","黑 6","黑 5",
9            "黑 4","黑 3","黑 2","红 A","红 K","红 Q","红 J","红 10","红 9","红 8","红 7",
10           "红 6","红 5","红 4","红 3","红 2","方 A","方 K","方 Q","方 J","方 10","方 9",
11           "方 8","方 7","方 6","方 5","方 4","方 3","方 2","花 A","花 K","花 Q","花 J",
12           "花 10","花 9","花 8","花 7","花 6","花 5","花 4","花 3","花 2"];
13
14       //第 2 步,初始化游戏界面,将 54 张牌按默认顺序显示在舞台上
15       for(var i:int = 0;i<cards. length;i++){
16           var poker = new Poker();
17           poker. name = "poker"+i;
18           this. addChild(poker);
19           poker. gotoAndStop(cards[i]);
20           //每 17 张牌排一行
21           poker. x = poker. width * (i% 17)+50;
22           poker. y =  poker. height* (int)(i/17)+30;
21       }
22   }
23
```

```
24      //初始化游戏,包括初始化数据和初始化游戏界面
25      initGame();
26
27      //为洗牌按钮 shuffle_btn 注册鼠标单击事件侦听器
28      shuffle_btn. addEventListener ( MouseEvent. CLICK, shuffleHandler ) ;
29
30      //响应处理洗牌按钮 shuffle_btn 单击事件
31      function shuffleHandler ( e: MouseEvent ) : void  {
32          shuffleCards ( ) ; //洗牌
33          displayCards ( ) ; //输出牌
34      }
35
36      //第 3 步, 洗牌, 定义函数 shuffleCards ( )
37      function shuffleCards ( )  {
38          //两两交换 10 000 次, 实现洗牌的效果
39          for ( var j: int = 1; j< = 10000; j++ )  {
40              //随机抽取两张牌进行两两交换
41              //随机生成第 1 张的下标
42              var index1: int  =  Math. floor ( Math. random ( ) * 54 ) ;
43              //随机生成第 2 张的下标
44              var index2: int  =  Math. floor ( Math. random ( ) * 54 ) ;
45
46              //两张牌进行两两交换
47              var temp: String;
48              temp  =  cards [ index1 ] ;
49              cards [ index1 ]  =  cards [ index2 ] ;
50              cards [ index2 ]  =  temp;
51          }
52      }
53
54      //第 4 步, 定义输出牌函数 displayCards ( )
55      function displayCards ( )  {
56          for ( var k: int = 0;  k<cards. length; k++ )  {
57              var poker  =  this. getChildByName ( " poker" +k ) ;
58              poker. gotoAndStop ( cards [ k ] ) ;
59          }
60      }
```

第 2 行　定义数组 cards, 用于存储 54 张扑克牌的名称。

第 7~12 行　实现第 1 步功能，初始化游戏数据。为数组 cards 赋初值，将 54 张扑克牌名称按照顺序依次存入数组中。

第 15~21 行　实现第 2 步功能，初始化游戏界面。循环遍历读取数组每个元素的内容后，在舞台上动态生成 54 个扑克影片剪辑实例并跳转到对应的帧标签，显示扑克牌名称对应的扑克牌图片。例如，在数组中读取出元素 "红 A"，则在舞台上动态生成一个扑克影片剪辑实例，并将其上的播放头跳转到帧标签 "红 A" 处，实现一一对应。在舞台上每动态生成一个扑克牌影片剪辑实例，需要设置其位置，由于模拟三个玩家斗地主，因此前三行显示 17 张扑克牌，第 4 行显示 3 张底牌。除此之外，还需要设置每个扑克牌影片剪辑实例的 name 属性，方便在输出牌时根据 name 属性访问此影片剪辑。数组的长度通过数组的属性 length 来获取。

第 25 行　调用自定义函数 initGame( ) 用于初始化游戏数据和界面。

第 28 行　为洗牌按钮 shuffle_btn 注册鼠标单击事件侦听器。

第 31~34 行　定义事件处理函数 shuffleHandler( )，负责洗牌按钮 "shuffle_btn" 注册鼠标单击事件侦听响应和处理。在里面先调用自定义函数 shuffleCards( ) 重新洗牌，接着调用自定义函数 displayCards( ) 输出牌。

第 37~52 行　实现第 3 步功能，洗牌。这里随机产生两个数组下标，然后交换这两个数组元素内容，交换 10 000 次之后就能达到充分洗牌的效果。

第 55~60 行　实现第 4 步功能，输出牌。在第 3 步充分两两交换数组内的元素内容后，存储在扑克牌的数组里面的元素内容顺序已经完全随机打乱，这时通过 for 循环遍历数组，按照数组元素内容跳转到对应的帧标签，以显示相应的扑克牌图片。

▶▶ 8.2　操作数组

Array 类提供了许多用于操作数组的方法。这些类方法可以用于在指定的位置添加和删除元素、返回值及连接元素。

▶▶▶ 8.2.1　添加元素

在前面，学习了如何为数组存储元素。当然也可以在任何时候向数组添加元素，而不仅仅是在实例化的时候。

Array 类有三个方法用于向数组添加元素。

push( ) 方法向数组的末尾添加元素。

unshift( ) 方法向数组的开始位置添加元素（在索引为 0 的位置）。

splice( ) 方法通过指定数组一个索引删除或插入一个元素。splice( ) 方法需要 3 个参数：新元素添加的索引位置、需要删除的元素（0 代表没有）和想要添加的元素。

 学一学

push( ) 方法表示在数组最后添加一个或者多个元素，push( ) 方法的语法格式如下：

数组 . push(元素);

数组 . push(元素 1,元素 2,元素 3,…,元素 n);

例如，在 array 后面插入元素：

```
var array:Array = [1, 2, 3];
array. push(4);
array. push(5, 6);
trace(array);
/*
输出:1,2,3,4,5,6
* /
```

unshift( )方法表示在数组第 1 项前添加一个或者多个元素，unshift( )方法的语法格式如下：

数组 . unshift(元素);

数组 . unshift(元素 1,元素 2,元素 3,…,元素 n);

例如，在 array 数组前面插入元素：

```
var array:Array = [1, 2, 3];
array. unshift (4);
array. unshift (5, 6);
trace(array)
/* 输出:
5,6, 4, 1, 2, 3
* /
```

push( )和 unshift( )方法都有返回值。返回值是增加元素后的数组长度。前面两个方法都是在数组首或尾添加元素，如果想要在数组任意位置添加元素，就要使用 splice( )方法。splice( )方法的语法格式如下：

数组 . splice(插入点的索引,0,新元素 1,新元素 2,…,新元素 n);

第 2 个参数的值为 0，则表示不删除元素，在索引位置后插入指定新元素。

例如，在 array 指定位置插入元素：

```
var array:Array = [1, 2, 3];
array. splice (1, 0, 4, 5, 6);
trace(array);
/* 输出:
1, 4, 5, 6, 2, 3
* /
```

用一用

案例 8-4： 数组 nameArray 存储班级名单，现有新学生加入班级，使用数组添加元素方法将新加入的学生名字存储进 nameArray。

【程序代码】

```
1    var nameArray:Array = ["张三", "李四", "小明"];
2    nameArray. push("小吉");
3    nameArray. unshift("黄一");
4    nameArray. splice(2, 0, "小二");
5    trace(nameArray);
```

【代码说明】

第 1 行　定义数组，并初始化。

第 2 行　将"小吉"添加到数组末尾。

第 3 行　将"黄一"添加到数组开始位置（索引为 0）

第 4 行　将"小二"添加到索引为 2 的位置

第 5 行　打印数组中的元素。

 想一想

思考案例 8-3，如果将 nameArray. splice 方法中的 0 改为 1 或 2，结果会怎样？

▶▶▶ 8.2.2　删除元素

Array 类有 3 个方法用于从数组中移除或返回元素。每个用于删除的方法在有需要的情况下，可以在删除元素之前返回元素的值。

pop( )方法从数组中删除并返回最后一个元素。

shift( )方法从数组中删除并返回第 1 个元素。

splice( )方法通过指定的索引位置从数组中删除并返回元素。

学一学

pop( )方法删除数组中的最后一个元素，而 shift( )方法删除数组中的第 1 个元素，剩余元素索引值自动减 1。pop( )和 shift( )方法都不需要参数，使用格式如下：

数组 . pop();

数组 . shift();

例如，使用 pop( )和 shift( )方法删除元素：

```
var array:Array = [1, 2, 3,4,5];
array. pop();
trace(array);
/* 输出:
```

```
1, 2,3,4
* /
array. shift();
trace(array);
/*  输出:
    2,3,4
* /
```

pop( )和 shift( )方法每使用一次都只删除一个元素,而 splice( )方法一次删除数组元素的用法较多:

数组 . splice(删除点的索引):删除索引位置后的所有元素。

数组 . splice(删除点的索引,要删除元素的数目):删除索引位置后指定数目的元素。

数组 . splice(删除点的索引,数目,新元素 1,新元素 2,…,新元素 n):从删除点的索引处开始删除指定数目的元素后,并插入指定新元素。

例如,利用 splice( )方法删除数组元素:

```
var array:Array = [1, 2, 3, 4, 5];
array. splice(0, 5, 6, 7);
trace(array);
/*  输出:
6, 7
* /
```

Ａ 用一用

案例 8-5: 班级中有某名学生转专业,使用数组删除方法移除转专业的学生名字。

【程序代码】

```
1        //定义名字数组
2        var nameArray:Array = ["张三", "李四", "小明"];
3        //定义要转专业的学生
4        var stuName:String = "李四";
5        //查找专业中是否存在 name 这位学生
6        //若存在,将索引保存在 index 中,否则 index 为- 1
7        var index:int = - 1;
8        for (var i:int = 0; i < nameArray. length; i++ ) {
9            if (nameArray[i] == stuName) {
10               index = i;
11           }
12       }
13       //删除索引为 index 的学生
```

```
14      if (index != - 1) {
15              nameArray. splice(index, 1);
16      }
17      trace(nameArray);
```

【代码说明】

第 2 行　定义数组 nameArray，并初始化。

第 8~12 行　通过 for 循环语句遍历数组元素，并查看是否存在"李四"这个元素，若存在，则记录下此元素所在的下标或索引。

第 14~16 行　如果遍历数组，找到"李四"这个元素，则利用数组的 splice( ) 方法将其删除，这里要删除元素索引为 index，删除的元素个数为 1。

▶▶▶ 8.2.3　查找元素

通过循环对数组所有元素进行遍历，虽然可以实现查找元素的功能，但非常麻烦。好在 Array 类中直接提供了两种方法进行元素的查找，分别是 indexOf( ) 和 lastIndexOf( )。

 学一学

数组的查找方法返回所查找元素的索引，若查找不到则返回 -1。其中 indexOf( ) 从数组开头位置开始查找，返回第 1 个匹配的索引。而 lastIndexOf( ) 从数组的最后一个元素开始查找，返回第 1 个匹配的索引，例如：

```
var array:Array = [1, 2, 3, 4, 1];
trace(array. indexOf(1));//输出 0
trace(array. lastIndexOf(1));//输出 4
trace(array. indexOf(5));//输出 - 1
```

用一用

案例 8-6：查找班级是否存在名字为"李四"的学生，若存在则将其删除。

【程序代码】

```
1       //定义名字数组
2       var nameArray:Array = ["张三", "李四", "小明"];
3       //定义要转专业的学生
4       var stuName:String = "李四";
5       //查找专业中是否存在 name 这位学生
6       var index:int = nameArray. indexOf(stuName);
7       //删除索引为 index 的学生
8       if (index != - 1) {
9               nameArray. splice(index, 1);
10      }
```

```
11      trace(nameArray);
```

【代码说明】

第 2 行　定义数组 nameArray，并初始化。

第 6 行　通过数组的 indexOf( ) 方法查找 nameArray 数组中是否存在"李四"这个元素，并将返回的索引值赋值给变量 index。

第 8~10 行　如果 indexOf( ) 方法查找返回的索引值不等于-1，则利用数组的 splice( ) 方法将其删除，这里要删除元素索引为 index，删除的元素个数为 1。

▶▶▶ 8.2.4　排序

数组提供了 sort( ) 方法用于排序，sort( ) 按默认排序，区分大小写，数字也是按字符串来处理。

 学一学

下面对数组 array 进行排序。

```
var array:Array = [4, 3, 6, 2, 5, 1];
array. sort();
trace(array);//输出 1 2 3 4 5 6
```

输出的结果按升序排序，但是 sort 方法是按照字符串来排序的，如果希望按数字形式来排序，那么 sort( ) 方法将会发生意想不到的问题。例如：

```
var array:Array = [4, 3, 6, 2, 5, 100];
array. sort();
trace(array);//输出 100 2 3 4 5 6
```

上面的例子将 100 排在前面，因为 sort 方法是按照字符串形式排序的，字符 "1" 小于 "2" "3" 等，因此 sort( ) 方法将 "100" 认为是最小的。

为了解决数组中的元素按数值排序，需要给 sort( ) 方法增加一个参数 Array. NUMERIC。将上面的例子修改为：

```
var array:Array = [4, 3, 6, 2, 5, 100];
array. sort(Array. NUMERIC);
trace(array); //输出 2 3 4 5 6 100
```

用一用

案例 8-7：将学生成绩排序。

【程序代码】

```
1      var array:Array = [80, 76, 51, 82, 65, 95];
2      array. sort(Array. NUMERIC);//按数值排序
3      trace(array);
```

【代码说明】

第1行 定义数组 array，并初始化。

第2行 通过数组的 sort( )方法，并指定参数为 Array. NUMERIC，将数组按照数值重新排序。

第3行 输出重新排序后的数组各元素。

▶▶ 8.3 二维数组

前面介绍的数组只有一个下标，称为一维数组，其数组元素也称为单下标变量。在实际问题中有很多量是二维的或多维的，单靠一维数组是很难处理的。比如，要处理一个班上 30 个学生每个学生 2 门课的成绩，如果仅仅使用一维数组就很困难了。再比如，要处理一个年级多个班的某门课的成绩，若用一维数组解决的话，就需要将每个班这门课的成绩定义成一个一维数组，一个年级有多个班，那就需要定义多个一维数组，使用多个一维数组来处理，就像之前使用多个变量来存储数据所遇到的问题一样，很显然这不是问题的解决之道，此时需要使用二维数组，可以将多个一维数组组织成二维数组来分类分层次表示数据。这里可以先按照班级分类，第 1 维表示每个班级，而第 2 维表示每个班级的成绩。

数组在编程中起到了相当重要的作用。如菜单编程，需要把每一个 new 出来的影片剪辑都以数组的形式存起来，这样之后在引用过程中会很方便。又如游戏中的地图，是多维数组的典型应用。

ActionScript 3.0 语言允许构造多维数组。多维数组元素有多个下标，以标识它在数组中的位置，所以也称为多下标变量。

▶▶▶ 8.3.1 二维数组的定义

在 ActionScript 3.0 中，一维数组里面的元素存储的是基本数据。要想构建二维数组，只需将数组存储在一维数组中即可。图 8-5 所示为一维数组和二维数组的区别。

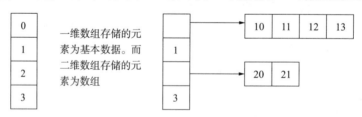

图 8-5 一维数组和二维数组的区别

 学一学

与一维数组一样，二维数组也必须是先定义后使用。根据图 8-5，定义二维数组如下：

```
var array:Array = new Array();//创建数组
array[0] = new Array();//array 第 1 个元素存储的为数组
array[0][0] = 10;//设置 array 第 1 个元素中的数组首元素为 10
```

```
array[0][1] = 11;
array[0][2] =12;
array[1] = 1;
array[0][3] =13;
array[2] = new Array();
array[2][0] = 20;
array[2][1] = 21;
array[3] = 3;
trace(array);
```

也可以在定义二维数组时，直接指定二维数组的两个维度：

```
var scores:Array = new Array(4,5);
```

这里就定义一个 4×5 的二维数组，该数组用来存储 4 位同学的 5 门课程成绩。实际上，可以把一个二维数组看成是多个一维数组的组合。这里的 scores 就可以表示它是由 4 个分别包含 5 个成绩数据的一维数组组合而成的。这个二维数组在内存中的排列从逻辑上可以形象地用一个表格来表示，如图 8-6 所示。

	课程 1	课程 2	课程 3	课程 4	课程 5
同学 1 成绩	scores[0][0]	scores[0][1]	scores[0][2]	scores[0][3]	scores[0][4]
同学 2 成绩	scores[1][0]	scores[1][1]	scores[1][2]	scores[1][3]	scores[1][4]
同学 3 成绩	scores[2][0]	scores[2][1]	scores[2][2]	scores[2][3]	scores[2][4]
同学 4 成绩	scores[3][0]	scores[3][1]	scores[3][2]	scores[3][3]	scores[3][4]

图 8-6　二维数组在内存中的排列形式

二维数组可以看成是一维数组的扩展，它是由多个一维数组作为元素所组成的一维数组。比如上述的 4 行 5 列的二维数组 scores，就可以看成是由 socres[0]、socres[1]、socres[2]、socres[3] 4 个元素组成的一维数组，而这 4 个元素又分别是由 scores[i][0]、scores[i][1]、scores[i][2]、scores[i][3]、scores[i][4] 5 个元素构成的一维数组，其中 i=0，1，2，3。

在引用二维数组中的数据元素时，需要指定两个下标，第 1 个下标，可以想象成行下标，指定要访问的数据在二维数组的第几个一维数组中，而第 2 个下标，可以想像成列下标，指定这个数据在它所在的一维数组中第几个元素中。二维数组的引用形式为：

数组名[行下标][列下标];

例如，这里就定义一个 4×5 的二维数组，该数组用来存储 4 位同学的 5 门课程成绩。

```
var scores:Array = new Array(4,5);
scores =[
[60,71,54,93,86],[77,65,82,73,90],[95,76,88,73,90],[87,81,62,75,92],[85,68,79,84,81]
];
```

227

```
//输出第 1 位同学的第 1 门课程成绩
trace(scores[0][0]);
//输出第 4 位同学的第 5 门课程成绩
trace(scores[3][4]);
```

用一用

案例 8-8：创建一个扫雷地图数组，0 表示空，1、2、3 表示周围地雷数，−1 表示地雷。具体存储值参考图 8-7。

图 8-7　扫雷地图

【程序代码】

```
1      var landmines:Array = [
2                  [ 1, 1, 0, 0, 0, 0, 0, 0, 0],
3                  [-1, 1, 1, 1, 1, 0, 0, 0, 0],
4                  [ 1, 1, 2,-1, 2, 0, 1, 2, 2],
5                  [ 0, 0, 2,-1, 3, 2, 3,-1,-1],
6                  [ 0, 0, 1, 1, 2,-1,-1, 3, 2],
7                  [ 0, 0, 0, 0, 1, 2, 2, 1, 0],
8                  [ 1, 1, 0, 0, 0, 0, 0, 0, 0],
9                  [-1, 2, 0, 1, 1, 1, 0, 0, 0],
10                 [-1, 2, 0, 1,-1, 1, 0, 0, 0]
11     ];
```

【代码说明】

第 1~11 行　定义了一个二维数组 landmines，此二维数组里面定义了 9 个元素，而每个元素又是一个数组，里面每个元素用来表示地雷数，0 表示空，1、2、3 表示周围地雷数，−1 表示地雷。根据图 8-7 中的扫雷地图，就可以确定此二维数组里面的各个数据的值。

▶▶▶ 8.3.2　二维数组的遍历

数组的遍历和 for 循环语句息息相关，基本上数组的遍历都是使用 for 循环语句实现的。

 学一学

一维数组的遍历只需一重 for 循环，二维数组的遍历需要 for 循环嵌套。如下代码所示：

```
//一维数组遍历
var array1:Array = [1, 2, 3, 4, 5];
for (var i:int = 0; i < array1. length; i++ ) {
    trace(array1[i]);
}
//二维数组遍历
var array2:Array = [
        [1, 1, 0],
        [1, 1, 1, 1]
    ];
for (var i:int = 0; i < array2. length; i++ ) {
    for (var j:int = 0; j < array2[i]. length; j++ ) {
        trace(array2[i][j]);
    }
}
```

用一用

案例 8-9：创建一个扫雷地图数组，0 表示空，1、2、3 表示周围地雷数，-1 表示地雷。计算扫雷地图中地雷总个数。

【案例分析】

首先需要创建一个扫雷地图二维数组 landmines，根据题意，0 表示空，1、2、3 表示周围地雷数，-1 表示地雷。其次声明一个变量 num 用来记录地雷总数，利用双重循环对二维数组的每个元素进行遍历，判断该元素是否等于-1，若是，则 nums 加 1。最后，循环完毕后输出 nums 的值，流程图如图 8-8 所示。

【程序代码】

```
1    var landmines:Array = [
2        [ 1, 1, 0, 0, 0, 0, 0, 0, 0],
3        [-1, 1, 1, 1, 1, 0, 0, 0, 0],
4        [ 1, 1, 2,-1, 2, 0, 1, 2, 2],
5        [ 0, 0, 2,-1, 3, 2, 3,-1,-1],
6        [ 0, 0, 1, 1, 2,-1,-1, 3, 2],
7        [ 0, 0, 0, 0, 1, 2, 2, 1, 0],
```

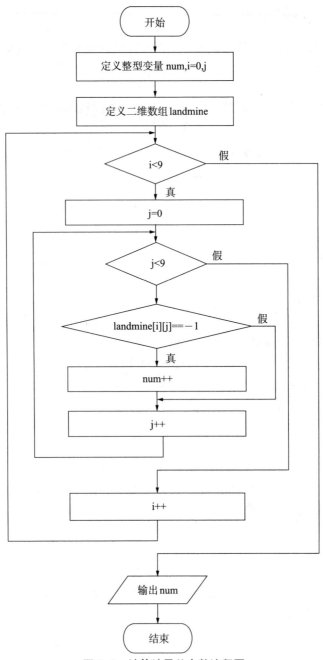

图 8-8　计算地雷总个数流程图

```
8          [ 1, 1, 0, 0, 0, 0, 0, 0, 0],
9          [-1, 2, 0, 1, 1, 1, 0, 0, 0],
10         [-1, 2, 0, 1,-1, 1, 0, 0, 0]
11     );
12     var num:int = 0;
```

```
13        for (var i:int = 0; i < 9; i++ ) {
14            for (var j:int = 0; j < 9; j++ ) {
15                if (array1[i][j] == - 1) {
16                    num++;
17                }
18            }
19        }
20        trace("地雷总数为:" + num);
```

【代码说明】

第 1~11 行　定义了一个二维数组 array，此二维数组里面定义了 9 个元素，而每个元素又是一个数组，里面每个元素用来表示地雷数，0 表示空，1、2、3 表示周围地雷数，-1 表示地雷。

第 12 行　定义 int 变量 num，用来记录存储地雷个数，并初始化为 0。

第 13~19 行　利用双重循环遍历二维数组 landmines 每个元素，若元素的值为-1，则表示有一颗地雷，将记录存储地雷个数的变量 num 加 1。

第 20 行　遍历数组完毕，地雷总数也就求出来了，因此通过 trace( ) 方法将其输出。

案例 8-10：拼图。

【案例分析】

拼图游戏是一款比较常见的游戏，游戏规则非常简单，用鼠标拖动被切碎的图片块来拼组成完整的大图。需要用正确的方法才能最终拼成完整的图案。本案例制作的是一个 3×3 的拼图，即由 9 个切分的图片块构成一副完整画面。拼图游戏初始界面如图 8-9 所示。

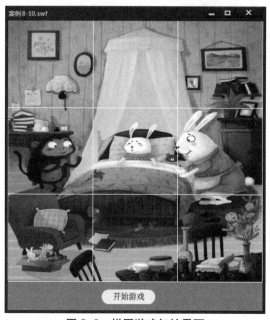

图 8-9　拼图游戏初始界面

当单击开始按钮后，图片顺序被打乱，效果如图 8-10 所示。

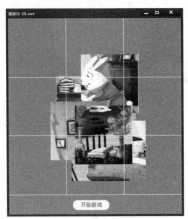

图 8-10　打乱图片顺序

本案例主要有以下四个步骤来完成。

（1）布局游戏初始界面。

首先选择一副合适的图片在 Flash 中切割成 3×3 个图片块。由于在游戏中需要通过鼠标拖动图片块，所以需要将每个图片块转化为影片剪辑，并分别将其实例名命名为"t0""t1""t2"…"t8"。接着在主时间轴第 1 帧上按照 3×3 进行排列，如图 8-9 所示。用一个二维数组 pos 存储每个图片块的坐标位置。在主时间轴第 2 帧上显示游戏成功画面，如图 8-11 所示。

图 8-11　游戏成功画面

（2）开始游戏，打乱图片顺序。

在游戏过程中可以随时单击"开始"按钮（实例名为"start_btn"）重置游戏，即随机地重新排列堆叠各个图片块的位置。实现图片块的随机排列堆叠时，可以对 9 个图片块均随机设置位置，效果如图 8-10 所示。

（3）拖动图片块，寻找目标位置。

为每个图片块注册鼠标按下和鼠标弹起事件侦听器。当在其上按下鼠标时，则开始拖动此图片块；当松开鼠标时，则停止拖动。在停止拖动后需要进一步判断当前位置是否为正确放置位置。前面将每个图片块目标位置存储在二维数组 pos 中，例如 t0 图片块的目标位置存储在 pos［0］元素中，t1 图片块的目标位置存储在 pos［1］元素中，依次类推。这里通过获取拖动的图片块名称获取对应目标位置，若距离小于等于 20 像素，则直接吸附到目标位置。在游戏中成功拖动图片块放置到目标位置的次数将被统计下来，这里用全局变量 num 来记录成功放置的图片块个数。

（4）判断游戏是否成功。

所有的图片块位置都排列正确后，则游戏结束，主时间轴上的播放头跳转到第 2 帧，画面上将显示"恭喜成功！"几个字。

最后，在主时间轴上新建代码图层 as，并在第 1 帧添加程序代码。

【程序代码】

```
1   //让主时间轴播放头停止在第 1 帧
2   stop();
3
4   //定义 9 张图片块的坐标位置
5   var pos: Array = [
6               [0, 0],[150, 0],[300, 0],
7               [0, 150],[150, 150],[300, 150],
8               [0, 300],[150, 300],[300, 300]
9               ];
10  //用来存储记录位置已经匹配成功的个数
11  var num:uint = 0;
12
13  //为每个图片块注册鼠标按下和鼠标弹起事件侦听器
14  for (var i: uint = 0; i <= 8; i++) {
15      var pic = this. getChildByName("t" + i);
16      pic. addEventListener(MouseEvent. MOUSE_DOWN, downHandler);
17      pic. addEventListener(MouseEvent. MOUSE_UP, upHandler);
18  }
19
20  //当按下某个图片块时,则该图片块可被拖动
21  function downHandler(e: MouseEvent) {
22      e. target. startDrag();
23  }
24
25  //当在某个图片块上松开鼠标时,停止拖动,进一步判断是否落在了目的区域
26  function upHandler(e: MouseEvent) {
27      e. target. stopDrag(); //停止拖动当前图片块
```

233

```
28          var pic = e. target; //获取当前放下的图片块对象
29          var picName = e. target. name;//获取当前放下的图片块对象的 name 属性值
30
31          //通过循环语句寻找与当前图片块 name 属性值序号匹配的 pos 数组元素
32          for (var j: uint = 0; j <= 8; j++) {
33              //t1 图片块一定要在 pos[1]数组元素中查找其目标位置
34              //t2 的图片块一定要在 pos[2]数组元素中查找其目标位置,依次类推
35              if (picName == ("t" + j) ) {
36                  var dx = pic. x - pos[j][0];
37                  var dy = pic. y - pos[j][1];
38                  //根据数学公式,求两点之间的距离
39                  var dis = Math. sqrt(dx * dx + dy * dy);
40                  //如果两点间距离小于 20,则十分靠近目标,直接吸附上去
41                  if(dis<= 20){
42                      //将被拖动的图片置于目标位置
43                      pic. x = pos[j][0];
44                      pic. y = pos[j][1];
45                      num++;
46                      break;
47                  }
48              }
49          }
50
51          //所有图片块均匹配到正确位置
52          if (num == 9) {
53              gotoAndStop(2);//跳转到主时间轴第 2 帧,显示成功画面
54          }
55      }
56
57      //开始按钮注册鼠标单击事件侦听器
58      start_btn. addEventListener(MouseEvent. CLICK, upsetHandler);
59
60      //随机打乱图片顺序并将 num 归 0
61      function upsetHandler(e: MouseEvent): void {
62          for (var i: uint = 0; i <= 8; i++) {
63              var pic = this. getChildByName("t" + i);
64              pic. x = Math. random() * 200 + 80;
65              pic. y = Math. random() * 200 + 70;
66          }
```

67　　　　　num = 0;//将变量值重新归零

68　　　}

【代码说明】

第 2 行　主时间轴播放头停留在第 1 帧，游戏成功则跳转到第 2 帧。

第 5~9 行　定义一个二维数组 pos，用来存放每个图片块的坐标位置。

第 11 行　定义无符号整数 num，用来存放记录图片块成功放置的个数。

第 14~18 行　通过 for 循环语句遍历每个图片块对象，并为其注册鼠标按下和松开事件侦听器。

第 21~23 行　当按下某个图片块时，则该图片块可被拖动。

第 26~49 行　拖动图片块，寻找目标位置。当拖动图片块时松开鼠标，则停止拖动。接着需要判断当前位置是否为正确放置位置。前面将每个图片块目标位置存储在二维数组 pos 中，例如 t0 图片块的目标位置存储在 pos［0］元素中，t1 图片块的目标位置存储在 pos［1］元素中，依次类推。这里通过获取拖动的图片块名称获取对应目标位置，若距离小于等于 20 像素，则直接吸附到目标位置。在游戏中成功拖动图片块放置到目标位置的次数将被统计下来，这里用全局变量 num 来记录成功放置的图片块个数。

第 52~54 行　判断所有图片块是否均放置到目标位置，若是则游戏成功，跳转到主时间轴的第 2 帧，显示游戏成功画面。

第 58 行　为开始按钮 start_btn 注册鼠标单击事件侦听器。

第 61~68 行　实现重新排列图片块功能。这里通过 for 循环遍历每个图片块，为每个图片块随机设置位置，同时要将变量 num 归零。

▶▶ 8.4　项目实战

项目名称：连连看游戏界面。

项目描述：本项目主要运用数组知识编写连连看游戏的界面。在连连看界面中，不考虑配对算法问题，仅仅是将图形随机显示在界面上，如图 8-12 所示。

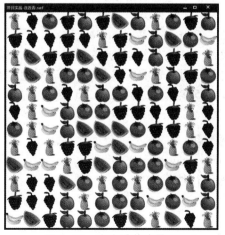

图 8-12　连连看游戏界面

项目分析：

创建连连看游戏，首先需要图片，在这里挑选苹果、香蕉、葡萄、菠萝、草莓、西红柿、西瓜 7 种水果图片，并制作成影片剪辑元件且导出为类，关联类分别为 Apple、Banana、Grape、Pineapple、Strawberry、Tomato、Watermelon，如图 8-13 所示。

图 8-13　将 7 种水果影片剪辑导出为关联类

连连看的界面由 12×12 个格子构成，因此可以定义一个二维数组用来表示 12×12 个格子，每个格子需要显示图片。由于连连看图形是随机生成的，不考虑是否配对。因此需要使用 Math.random() 方法来控制随机生成的值。在这里使用 0 表示生成苹果，1 表示生成香蕉，2 表示生成葡萄，3 表示生成菠萝，4 表示生成草莓，5 表示生成西红柿，6 表示生成西瓜。将这些随机产生的数据存入二维数组，并根据这些数据，加载进不同的图片，完成连连看界面。

制作步骤：

（1）准备图片，制作成元件并导出为类。这里选择苹果、香蕉、葡萄、草莓、西红柿、菠萝、西瓜 7 种水果图片用来创建连连看游戏，为了让这些图片能够动态地加入到游戏界面中，需要事先将这些图片元件导出为类，进行关联。这里关联类分别为 Apple、Banana、Grape、Pineapple、Strawberry、Tomato、Watermelon。

（2）编写连连看二维数组，由于连连看图形是随机生成的，因此利用 Math.random() 帮助随机产生 0~6 的编号。在这里使用 0 表示生成苹果，1 表示生成香蕉，2 表示生成葡萄，3 表示生成菠萝，4 表示生成草莓，5 表示生成西红柿，6 表示生成西瓜。通过双重循环将随机生成的编号存入二维数组中。

```
1        //创建连连看数组
2        var array:Array = new Array();
3        //定义连连看的行数
4        var row:int = 12;
5
6        //创建连连看地图
```

```
7        for (var i:int = 0; i < row; i++) {
8            //创建二维数组
9            array[i] = new Array();
10           for (var j:int = 0; j < row; j++ ) {
11               //随机生成 0~6 的整数
12               array[i][j] = int(Math. random() * 7);
13           }
14       }
```

第 2 行　定义二维数组 array，用来存放代表各种不同水果的编号。

第 7~14 行　使用 Math 类的 random（）方法控制生成的数值，对生成的数值进行取整运算得到 0~6 之间的任意整数，代表对应的水果。

（3）依据数组值加载图片。有了随机产生的数组初始数据之后，就可以依据值加载不同的图片，并进行布局。

```
1    //创建连连看数组
2    var array:Array = new Array();
3    //定义连连看的行数
4    var row:int = 12;
5
6    //创建连连看地图
7    for (var i:int = 0; i < row; i++) {
8        //创建二维数组
9        array[i] = new Array();
10       for (var j:int = 0; j < row; j++ ) {
11           //随机生成 0~6 的整数
12           array[i][j] = int(Math. random() * 7);
13           //创建连连看界面
14           //创建苹果
15           if (array[i][j] == 0) {
16               var apple = new Apple();
17               //设置宽高
18               apple. width = 50;
19               apple. height = 50;
20               //设置位置
21               apple. x = 50 * j;
22               apple. y = 50 * i;
23               //加入舞台
24               addChild(apple);
25           }
```

```
26          //创建香蕉
27          if (array[i][j] == 1) {
28              var banana = new Banana();
29              banana. width = 50;
30              banana. height = 50;
31              banana. x = 50 * j;
32              banana. y = 50 * i;
33              addChild(banana);
34          }
35          //创建葡萄
36          if (array[i][j] == 2) {
37              var grape = new Grape();
38              grape. width = 50;
39              grape. height = 50;
40              grape. x = 50 * j;
41              grape. y = 50 * i;
42              addChild(grape);
43          }
44          //创建菠萝
45          if (array[i][j] == 3) {
46              var pineapple = new Pineapple();
47              pineapple. width = 50;
48              pineapple. height = 50;
49              pineapple. x = 50 * j;
50              pineapple. y = 50 * i;
51              addChild(pineapple);
52          }
53          //创建草莓
54          if (array[i][j] == 4) {
55              var strawberry = new Strawberry();
56              strawberry. width = 50;
57              strawberry. height = 50;
58              strawberry. x = 50 * j;
59              strawberry. y = 50 * i;
60              addChild(strawberry);
61          }
62          //创建西红柿
62          if (array[i][j] == 4) {
63              var tomato = new Tomato();
```

```
64                    tomato. width  = 50;
65                    tomato. height  = 50;
66                    tomato. x  =  50 * j;
67                    tomato. y  =  50 * i;
68                    addChild(tomato);
69                }
70                //创建西瓜
71                if (array[ i ][ j ]  ==  5) {
72                    var watermelon = new Watermelon();
73                    watermelon. width  =  50;
74                    watermelon. height  =  50;
75                    watermelon. x  =  50 * j;
76                    watermelon. y  =  50 * i;
77                    addChild(watermelon);
78                }
79            }
80        }
```

通过 7 条判断语句来加载不同的水果。根据先前随机生成的二维数组数据，利用双重循环逐一判断每个数组元素随机生成的值，若为 0，则在对应单元格位置加载苹果；若为 1，则在对应单元格位置加载香蕉，依次类推。这样双重循环遍历完毕，则所有的单元格上也都加载了对应的图片，完成连连看界面。

按 Ctrl+Enter 组合键测试代码效果。

▶▶ 8.5 本章小结

在本章中，主要介绍了：
- 数组的概念。
- 数组元素的添加。
- 数组元素的删除。
- 数组元素的查找。
- 二维数组的概念。
- 数组的遍历。
- 数组的应用。

常用英语单词含义如下表所示。

英　文	中　文
array	数组
index	索引、指数

续表

英　　文	中　　文
push	推、压
shift	去掉、改变
pop	弹出
splice	粘接
sort	排序

课｜后｜练｜习

一、问答题

1. 对于数组定义语句 var myArr：Array = new Array（2）；的正确描述为（　　）。

A. 定义一维数组 myArr，其中包含 myArr［1］和 myArr［2］两个元素

B. 定义一维数组 myArr，其中包含 myArr［0］和 myArr［1］两个元素

C. 定义一维数组 myArr，其中包含 myArr［1］、myArr［1］和 myArr［2］三个元素

D. 定义二维数组 myArr，其中还未定义元素

2. 有以下程序 var myArr：Array = ［1，2，3，4］；trace（myArr［3］）；则程序运行后的输出结果是（　　）。

A. 3　　　　　　B. 不确定的值　　　　　　C. 4　　　　　　D. 编译出错

3. 有以下代码 var myArr：Array = ［1，2，3，4，6］；trace（myArr. push（5））；则程序运行后的输出结果是（　　）。

A. 5，1，2，3，4，6　　　　　　　　B. 编译出错

C. 1，2，3，4，5，6　　　　　　　　D. 1，2，3，4，6，5

4. 有以下代码：var arr1：Array = ［1，2，3，4，5］；var arr2：Array = arr1. slice（1，2）；trace（arr2）；则程序运行后的输出结果是（　　）。

A. 1　　　　　　B. 2　　　　　　　　C. 1，2　　　　　　D. 2，3

5. 下列数组的方法中，不可以实现在数组中删除元素的是（　　）。

A. pop　　　　　　B. shift　　　　　　C. splice　　　　　　D. unshift

6. 对二维数组 array［5］［8］，下列对数组元素的引用正确的是（　　）。

A. array［0］［9］　　　　　　　　　　B. array［6］［8］

C. array［1+2］［3+2］　　　　　　　　D. array［-1］［1］

二、判断题

1. 数组内数组元素的类型必须是相同的（　　）。

2. 遍历数组只可以使用 for 循环语句（　　）。

3. 二维数组其实是一种特殊的一维数组，只不过它的每个元素又是一个一维数组（　　）。

三、选择题

1. 在舞台上创建 5 个输入文本框、一个确定按钮、两个动态文本框，输入 5 个整数，单击"确定"按钮，两个动态文本框分别显示 5 个整数中的最大值和最小值。

2. 求一个 4×4 矩阵主对角线元素之和。

第9章 综合项目

 复习要点：

按钮的侦听

数组的定义和使用

函数的定义和使用

for 循环语句的使用

导出影片剪辑类

要掌握的知识点：

文本组件的使用

组件的字体设置

掌握数组的使用方法

能实现的功能：

能进行事件侦听

能使用基本方法操作数组

能控制影片剪辑以及文本框

能使用文本组件

能使用 for 循环语句遍历数组

▶▶ 9.1 项目说明

本项目利用前面所学的知识完成一个综合性案例——计分排序器，其主要的功能是统计参加比赛的各成员的平均得分，并进行由高到低的排名。

▶▶ 9.2 项目策划

本项目需要四个画面，分别是开始画面、数据输入画面、显示排序结果画面和使用说明画面。如图 9-1~图 9-4 所示。

图 9-1　开始画面

图 9-2　数据输入画面

图 9-3　显示排序结果画面

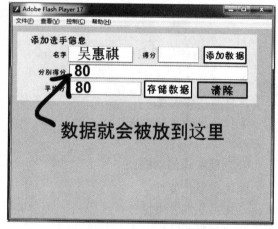

图 9-4　使用说明画面

　　四个画面对应舞台上的四个关键帧，其中第 4 帧上放的是一个影片剪辑，该影片剪辑用来说明本软件的使用方法、过程和各个按钮的功能。

　　统计参加比赛的各成员的平均得分，需要先输入各个成员的姓名和不同评委给定的分数，由于比赛成员的个数未定，评委的人数也未定，可采用数组来存储各个参赛成员的姓名、各个评委给定的分数、平均分数，通过给数组添加元素的方式实现不限定比赛成员人数和评委人数，即先输入一名参赛成员的姓名，然后通过数据添加的方式，将各个评委给定的分数依次输入，同时计算该参赛成员的平均得分，当需要添加新的成员时，先将前一名成员的姓名和计算得到的平均分数保存到一个特定的数组中，再输入后一名成员的姓名，并输入各评委的评分，同时计算其平均得分。如此下去，可分别得到保存各个成员的姓名和平均得分的数组，最后通过排序，可将各成员的姓名和得分按从大到小的排序显示出来。

▶▶ 9.3　项目实施

▶▶▶ 9.3.1　完成主画面设计

打开 Flash 软件，新建一 Flash ActionScript 3.0 文档，分别添加四个图层和四个关键帧，其中四个图层分别是代码层、主要部份、说明影片、背景色；四个关键帧可分别定义其帧标签，第 2 帧帧标签为"enter"，第 3 帧帧标签为"sort"，第 4 帧帧标签为"example"。如图 9-5 所示。

图 9-5　层和帧

在主时间轴的第 1 关键帧上添加两个影片剪辑和两个按钮。其中两个按钮是"开始使用"和"使用说明"，其实例名分别为"enter_btn""example_btn"。如图 9-1 所示。

在主时间轴的第 2 关键帧上添加文字、按钮、输入文本框、动态文本框，如图 9-6 所示。

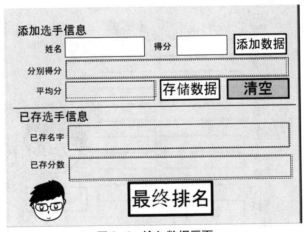

图 9-6　输入数据画面

上述画面中，有两个输入文本框，四个动态文本框，还有四个按钮，画面布局如图 9-7 所示，其对应的实例名如表 9-1 所示。

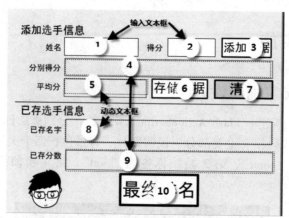

图 9-7　画面布局

表 9-1　图 9-7 画面中相应的实例名

标号	实例名	标号	实例名
1	name_ txt	6	add2_ btn
2	input_ txt	7	d_ btn
3	add_ btn	8	showName_ txt
4	show_ txt	9	showNums_ txt
5	average_ txt	10	sort_ btn

　　在主时间轴的第 3 关键帧上添加静态文本框、动态文本框和返回按钮等。其中用来显示选手的姓名和最终得分的是动态文本框，显示姓名的实例名按照 "pm0_txt"，"pm1_txt"，…，"pm10_txt" 的规则来命名，最终得分的实例名按照 "pf0_txt"，"pf1_txt"，…，"pf10_txt" 的规则来命名，这样命名的好处是可以用通用的代码来访问。"返回" 按钮的实例名为 "return_btn"，如图 9-8 所示。

图 9-8　显示结果画面

　　第 4 帧上放一个操作说明的影片剪辑，这里先不制作这个影片剪辑，等前三帧的功能实现后再来完成这个影片剪辑的制作。

▶▶▶ 9.3.2　实现输入、保存和计算平均值的功能

在主时间轴代码层的第 1 帧上添加如下代码。

```
stop();

//为 example_btn 按钮注册鼠标单击事件侦听器
example_btn. addEventListener(MouseEvent. CLICK, exampleHandler);
function exampleHandler(e:MouseEvent){
    gotoAndPlay("example");//跳转到 example 帧
}

//为 example_btn 按钮注册鼠标单击事件侦听器
enter_btn. addEventListener(MouseEvent. CLICK, enterHandler);
function enterHandler(e:MouseEvent){
    gotoAndStop("enter");//跳转到 enter 帧
}
```

【代码说明】

上述代码的功能是先停在此帧，并给"开始使用""操作说明"两个按钮添加侦听函数，使得单击按钮时能跳到对应的帧上。

在主时间轴代码层的第 2 帧上添加如下代码。

```
stop();
var temp_array:Array = new Array();//新建数组,存储输入的值
var av_array:Array = new Array();//记录平均得分数组
var name_arr:Array = new Array();//记录姓名数组

add_btn. addEventListener(MouseEvent. CLICK, addHandler);
//为 add_btn 按钮注册鼠标单击事件侦听器
function addHandler(e:MouseEvent){
    temp_array. push(Number(input_txt. text));
    //用 push()函数添加数据;
    input_txt. text = "";
    var tt:Number = av(temp_array);//调用求平均值自定义函数
    average_txt. text = "" + tt;
    show_txt. text = "" + temp_array;
}
function av(aa:Array):Number{//求平均值
```

```
        var s:Number = 0;
        s = 0;
        for (var i=0; i<aa. length; i++){//用 for 循环语句进行平均数求值
            s = s + aa[i];
        }
        s = s / aa. length;
        return s;
}
d_btn. addEventListener(MouseEvent. CLICK, dHandler);//清空按钮侦听器

function dHandler(e:MouseEvent){
        //清除已存的数据;
        temp_array=[ ];
        average_txt. text = "";
        show_txt. text = "";
        name_txt. text = "";
}

add2_btn. addEventListener(MouseEvent. CLICK, add2Handler);//存储数据按钮侦听器

function add2Handler(e:MouseEvent){
        //用 push()添加数据;
        av_array. push(Number(average_txt. text));
        name_arr. push(name_txt. text);
        showName_txt. text = "" + name_arr;
        showNums_txt. text = "" + av_array;
}
sort_btn. addEventListener(MouseEvent. CLICK, sortHandler);//最终排名按钮侦听

function sortHandler(e:MouseEvent){
        var tem;
        var xiatem;
        var i,j;
        for (j=0; j<av_array. length; j++){//用 for 语句进行排序
            for (i= av_array. length; i>=j; i-- ){
                if (av_array[i - 1] < av_array[i]){
                    tem = av_array[i - 1];
                    av_array[i - 1] = av_array[i];
                    av_array[i] = tem;
```

```
                xiatem = name_arr[i - 1];
                name_arr[i - 1] = name_arr[i];
                name_arr[i] = xiatem;
            }
        }
    }
    gotoAndStop("sort");//跳转到 sort 帧
}
```

【代码说明】

在 addHandler( )函数中利用数组的 push 方法来添加数组元素——选手的得分，并及时计算平均值。

在 addzHandler( )函数中，将姓名和平均值分别添加到数组 name_arr 和 av_array 中，并显示在已存选手信息下。

av( )函数是自定义的函数，用来计算数组元素平均值。

在 dHandler( )函数中，将数组 temp_array 中的元素全部清空，并将画面中输入文本框和动态文本框的数据也清空。

在 sortHandler( )函数中，利用双重 for 循环来比较大小，这里用的方法是冒泡法，从数组的最后两个数开始比较，大的数往前移动，同时也更换对应的姓名数组的位置，这样可使姓名及对应的得分始终保持一致。

按 Ctrl+Enter 组合键测试代码效果，现在可以输入姓名、数据、显示平均得分等。如果想查看输入、输出是否正确，可在代码的相关位置添加 trace( )语句，进行调式。

在使用输入文本框和动态文本框时，如果不能显示输入或显示文字，就需要考虑动态文本框是不是没有嵌入相应的字体。

▶▶▶ 9.3.3　实现排序功能

在完成任务二的基础上，实现排序功能。

在主时间轴代码层的第 3 帧上添加如下代码。

```
return_btn. addEventListener(MouseEvent. CLICK, returnHandler);
//返回按钮侦听器
function returnHandler(e:MouseEvent) {
    gotoAndPlay(1);//跳转到第 1 帧
}


for (var i=0; i<name_arr. length; i++) {
    this["pm"+i+"_txt"]. text=name_arr[i]+"";//用 this 语句简单地表示文本框
```

```
    this["pf"+i+"_txt"].text = av_array[i]+"";//用 this 语句简单地表示文本框


}
```

【代码说明】

这里 for 循环语句是将数组中的姓名及对应的得分逐个赋值给动态文本框以便显示出来。其中，需要特别留意的是 this［"pm"+i+"_txt"］和 this［"pf"+i+"_txt"］表示方法，当 i 取不同的值时，表示不同的动态文本框的实例名，这种表示方法可以使得代码更加简洁、方便，读者应该学会使用它。

按 Ctrl+Enter 组合键测试代码，现在可以输入姓名、数据、显示平均得分，并可以输入多个选手的得分，单击"最终排名"按钮可查看相应的排名结果。

▶▶▶ 9.3.4 拓展——动态生成排序画面

在完成任务三后，可以看到最终的显示画面最多可以显示前固定个数（这里是 11 位）选手的排名，如果参赛选手人数不到 11 人，也要显示 11 个文本框，这就不太合理，这里希望显示时，没有多余的文本框出现。这就需要用到动态生成文本框的方法了，这里用影片剪辑导出类的方式来实现。

先创建一影片剪辑如"最终排名"，其中添加三个动态文本框，如图 9-9 所示。

图 9-9　影片剪辑中的动态文本框

将三个动态文本框的实例名分别命名为"order_txt"、"name_txt"和"score_txt"，用来显示排名、姓名和得分，并导出影片剪辑对应的类，这里命名其类名为"CnameMc"，如图 9-10 所示。

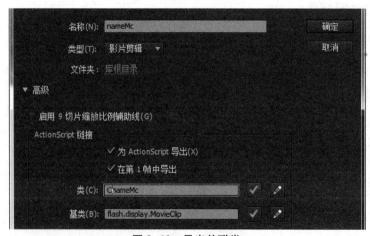

图 9-10　导出关联类

248

修改第 3 帧中的代码如下。

```
return_btn. addEventListener(MouseEvent. CLICK, returnHandler);
function returnHandler(e:MouseEvent) {
    for (var i=0; i<name_arr. length; i++){
        var mc=stage. getChildByName("pm" + i);
        //返回到第 1 帧时,删除动态添加的影片剪辑
        stage. removeChild(mc);
    }
    gotoAndPlay(1);//跳转到第 1 帧

}
for (var i=0; i<name_arr. length; i++) {
    var namemc:CnameMc = new CnameMc();//动态创建影片剪辑实例
    stage. addChild (namemc);//影片剪辑添加到显示列表
    namemc. name = "pm"+i;
    namemc. x = 150;
    namemc. y = 50+i* 35;
    namemc. order_txt. text = ""+(i+1);
    namemc. name_txt. text = name_arr[i]+"";
    namemc. score_txt. text = av_array[i]+"";
}
```

按 Ctrl+Enter 组合键测试代码，效果如图 9-11 所示。

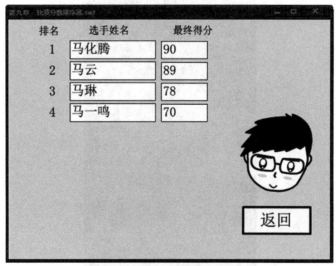

图 9-11　动态生成文本框效果

▶▶▶ 9.3.5 拓展——用组件显示排序数据

本项目中，任务四完成后，还有一个问题需要解决，那就是当选手很多时，多到一个页面显示不完，这时就不能将所有的选手全部显示出来。下面就来解决这个问题。

无论选手的个数是多少，要都能在一个画面中显示出来，最好的办法是利用带滚动条的文本框显示相关信息，这样无论信息多与少，通过滚动条都可以显示出来。这里用到的是 TextArea 组件。

组件在 Windows 菜单中，用快捷键 CTR+F7 可打开，如图 9-12 所示。

对齐(N)	Ctrl+K
颜色(C)	Ctrl+Shift+F9
信息(I)	Ctrl+I
样本(W)	Ctrl+F9
变形(T)	Ctrl+T
✓ 组件(C)	Ctrl+F7
历史记录(H)	Ctrl+F10
场景(S)	Shift+F2

图 9-12　组件

将第 3 帧的画面重新设计，添加 TextArea 组件，如图 9-13 所示，并设置组件的实例名为"name_cm"，如图 9-14 所示。将第 3 帧上的代码层上的代码修改如下。

图 9-13　组件窗口

图 9-14　设置组件的实例名

return_btn. addEventListener(MouseEvent. CLICK, returnHandler);
function returnHandler(e:MouseEvent){
　　gotoAndPlay(1);//跳转到第 1 帧
}
var lastResult:String = "";
for (var i=0; i<name_arr. length; i++){
　　lastResult=lastResult+(i+1)+"\t\t"+name_arr[i]+"\t\t"+av_array[i]+"\n"
　　//将要显示的文字进行排版,\t 的功能是跳格,\n 的功能是换行
}
var tf:TextFormat = new TextFormat();
tf. size = 22
name_cm. setStyle("textFormat",tf);
//上三行代码是设置组件的显示字号
name_cm. text=lastResult;

【代码说明】

上述代码定义了一个字符串变量 lastResult，在 for 循环中将排名、选手姓名、得分都放到这个字符串中，不过用到了跳格符“\ t”和换行符“\ n”。最后将此字符串赋值给 name_cm 组件的 text 属性。

修改后的画面如图 9-15 所示。

图 9-15 修改后的画面

按 Ctrl+Enter 组合键测试代码，效果如图 9-16 所示。

图 9-16 修改后的显示

测试效果。最后将操作说明及流程制作成为影片剪辑，并将影片剪辑拖到第 4 帧，在影片剪辑的最后一帧添加代码跳转到舞台的第 1 帧，代码如下。

```
MovieClip(root). gotoAndStop(1);
```

此项目还有进一步值得完善的地方，如可设定显示前几名选手，可设定计分方式，如去掉一个最高分，去掉一个最低分，然后再计算平均得分等。还可以将其完善为多人同时使用的网络版，当然这就需要读者具备后台的相关技术，如 PHP、ASP、JSP 及数据库技术。读者可自行拓展。

▶▶ 9.4　本章小结

本章主要完成一个不大但很实用的项目。用到了很多所学知识点，包括添加侦听、自定义函数、数组的使用、循环结构等，同时还涉及影片剪辑导出类，this 关键字的使用，最后还尝试使用了组件。

附录 A 常用 ASCII 码对照表

ASCII 码	键盘	ASCII 码	键盘	ASCII 码	键盘	ASCII 码	键盘
27	ESC	55	7	79	O	103	g
32	SPACE	56	8	80	P	104	h
33	!	57	9	81	Q	105	i
34	"	58	:	82	R	106	j
35	#	59	;	83	S	107	k
36	$	60	<	84	T	108	l
37	%	61	=	85	U	109	m
38	&	62	>	86	V	110	n
39	,	63	?	87	W	111	o
40	(	64	@	88	X	112	p
41	)	65	A	89	Y	113	q
42	*	66	B	90	Z	114	r
43	+	67	C	91	[	115	s
44	,	68	D	92	\	116	t
45	–	69	E	93	]	117	u
46	.	70	F	94	^	118	v
47	/	71	G	95	_	119	w
48	0	72	H	96	`	120	x
49	1	73	I	97	a	121	y
50	2	74	J	98	b	122	z
51	3	75	K	99	c	123	{
52	4	76	L	100	d	124	|
53	5	77	M	101	e	125	}
54	6	78	N	102	f	126	~